はじめに（保護者の方へ）

　この本は，小学5年生の算数を勉強しながら，プログラミングの考え方を学べる問題集です。

　小学校ではこれから，算数や理科などの既存の教科それぞれに，プログラミングという新しい学びが取り入れられていきます。この目的として，教科をより深く理解することや，思考力を育てることなどがいわれています。

　この本を通じて，算数の知識を深めると同時に，情報や手順を正しく読み解く力（＝読む力）や手順を論理立てて考える力（＝思考力）をのばしてほしいと思います。

この本の特長と使い方

● 算数の理解を深めながら，プログラミング的思考を学べる問

● 別冊解答には，問題の答えだけでなく，問題の解説や解くた

JN008249

単元の学習ページです。
計算から文章題まで，単元の内容をしっかり学習しましょう。

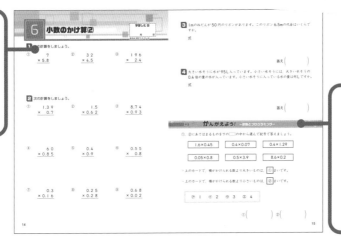

かんがえよう！ は，
ここまでで学習してきたことを活かして解く問題です。
算数の問題を解きながら，プログラミング的思考にふれます。

プログラミングの考え方を学ぶ
算数の知識を使いながら，プログラミング的思考を学ぶページです。

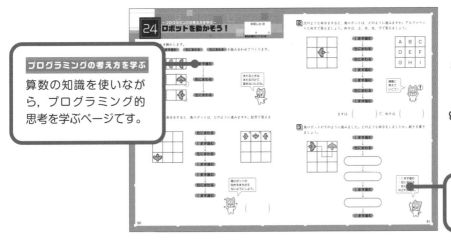

チャ太郎のヒントも参考にしましょう。

もくじ

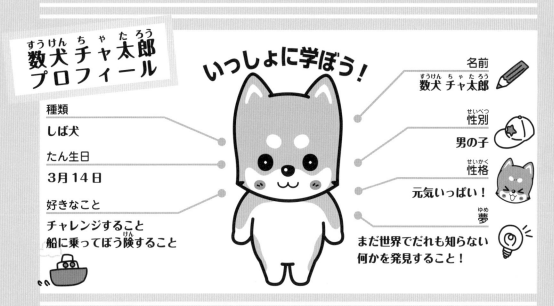

数犬チャ太郎プロフィール

いっしょに学ぼう！

名前
数犬 チャ太郎

性別
男の子

性格
元気いっぱい！

夢
まだ世界でだれも知らない
何かを発見すること！

種類
しば犬

たん生日
3月14日

好きなこと
チャレンジすること
船に乗ってぼう険すること

1 整数と小数

1 次の□にあてはまる数を書きましょう。

5.76 は，1 を □ 個，0.1 を □ 個，0.01 を □ 個あわせた数です。

2 次の□にあてはまる数を書きましょう。

① 3.92＝1× □ ＋0.1× □ ＋0.01× □

② 0.804＝0.1× □ ＋0.01× □ ＋0.001× □

3 次の□にあてはまる不等号を書きましょう。

① 8.01 □ 8 　　　　　② 0 □ 0.05

4 次の数は，0.01 を何個集めた数ですか。

① 0.09 　　　　　　　② 5

（　　　　　）　　　　　　　　　　（　　　　　）

5 次の数は，0.001 を何個集めた数ですか。

① 0.064 　　　　　　　② 7.03

（　　　　　）　　　　　　　　　　（　　　　　）

6 次の数を 10 倍，100 倍，1000 倍した数を答えましょう。

① 10.7

10 倍（　　　　　）　100 倍（　　　　　）　1000 倍（　　　　　）

② 0.89

10 倍（　　　　　）　100 倍（　　　　　）　1000 倍（　　　　　）

7 次の数を $\frac{1}{10}$，$\frac{1}{100}$，$\frac{1}{1000}$ にした数を答えましょう。

① 3.2

$\frac{1}{10}$ (　　　　　　　) $\frac{1}{100}$ (　　　　　　　) $\frac{1}{1000}$ (　　　　　　　)

② 6

$\frac{1}{10}$ (　　　　　　　) $\frac{1}{100}$ (　　　　　　　) $\frac{1}{1000}$ (　　　　　　　)

8 右の□に，1，2，4，8の数字を1個ずつあてはめて，次の数をつくりましょう。

□.□□□

① いちばん大きい数

(　　　　　　　)

② 2番目に小さい数

いちばん小さい数は，1.248 だね。

(　　　　　　　)

かんがえよう！　ー算数とプログラミングー

①，②にあてはまるものを下の□□□の中から選んで記号で答えましょう。

| 0.16 | 0.149 | 3.006 | 3.1 | 0.009 | 0.016 |

・上のカードで，0.15より小さいものは，① まいです。

・上のカードで，3より大きいものは，② まいです。

ㅤ⑦　4　　⑦　3　　⑦　2　　⑦　1

①(　　　　　　　) ②(　　　　　　　)

1 次の直方体や立方体の体積を求めましょう。

①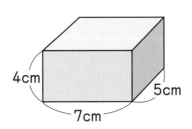

式

答え (　　　　　　　　)

②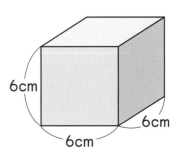

式

答え (　　　　　　　　)

③ たて 8cm, 横 10cm, 高さ 12cmの直方体の体積

式

答え (　　　　　　　　)

④ 1辺 7cmの立方体の体積

式

答え (　　　　　　　　)

2 厚さが 1cmの板で右の図のような直方体
の形をした入れ物をつくりました。

① この入れ物の容積は何cm³ ですか。

式

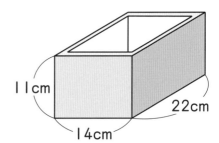

答え (　　　　　　　　)

② この入れ物に入る水の体積は何Lですか。

(　　　　　　　　)

3 次のような形の体積を求めましょう。

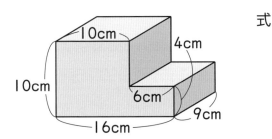

式

答え （　　　　　　）

4 次の□にあてはまる数を書きましょう。

① 2m³ = [　　　　] cm³

② 60mL = [　　　　] cm³

③ 400000L = [　　　　] m³

④ 90cm³ = [　　　　] dL

5 たて 2m，横 70cm，高さ 250cmの直方体の体積は何m³ ですか。

式

長さの単位を全部cmにしよう。

答え （　　　　　　）

かんがえよう！ ―算数とプログラミング―

①，②にあてはまるものを下の◌◌の中から選んで記号で答えましょう。

500mL	60cm³	4000cm³
0.7L	0.002m³	70dL

・上のカードで，5dLより少ないものは，①まいです。

・上のカードで，3Lより多いものは，②まいです。

⑦ 4　　⑦ 2　　⑦ 3　　⑤ 1

① （　　　　）　② （　　　　）

1 1 個のねだんが 20 円のあめを買います。買う個数を 1 個，2 個，3 個，…と変えていきます。

① あめを買う個数を△個，代金を□円として，代金を求める式を書きましょう。

（　　　　　　　　　　）

② 下の表のあいているところに数を書きましょう。

個数△(個)	1	2	3	4	5	6
代金□(円)	20					

③ 個数が 2 倍，3 倍，…になると，それにともなって代金はどのように変わりますか。

（　　　　　　　　　　）

④ 代金は個数に比例しているといえますか。

（　　　　　　　　　　）

2 右の図のように，たてが 5cm の長方形の横の長さを 1cm，2cm，3cm，…と変えていきます。

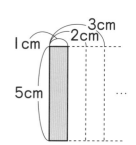

① 横の長さを△cm，面積を□cm² として，長方形の面積を求める式を書きましょう。

（　　　　　　　　　　）

② 下の表のあいているところに数を書きましょう。

横の長さ△(cm)	1	2	3	4	5	6
面積□(cm²)	5					

③ 長方形の面積は横の長さに比例しているといえますか。

（　　　　　　　　　　）

3 400円のスケッチブック1さつと，1まい30円の画用紙を何まいか買います。

① 買った画用紙のまい数を△まい，代金を□円として，△と□の関係を表す式を書きましょう。

$$(\qquad\qquad)$$

② 下の表のあいているところに数を書きましょう。

画用紙△（まい）	1	2	3	4	5	6
代金□（円）	430					

③ 代金は画用紙のまい数に比例しているといえますか。

$$(\qquad\qquad)$$

④ 画用紙のまい数が15まいのときの代金はいくらですか。

$$(\qquad\qquad)$$

かんがえよう！ ー算数とプログラミングー

①，②にあてはまるものを下の　　の中から選んで記号で答えましょう。

「1個のねだんが120円のパンを買います。パンの個数を□こ，代金を△円とすると，120÷□＝△となります。」

上の文章の下線部分はまちがっています。

まちがいを説明している文章は，①です。

正しい式は，②です。

> ㋐ パン1個のねだんと買った個数をかけていない。
> ㋑ パン1個のねだんと買った個数をたしていない。
> ㋒ 120×□＝△
> ㋓ 120＋□＝△

$$①(\qquad) \cdot ②(\qquad)$$

4 コインを動かそう！

下の図で，コインをスタートのますから右に動かして，10 のますまで進めます。

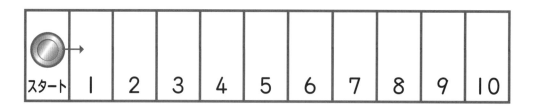

（例）□にあてはまる数を答えましょう。

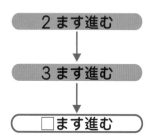

2＋3＋□＝10
の□に入る数だね。

（答え）　5

1 コインを 10 のますまで進めます。□と△にあてはまる数の組み合わせは，2 組
あります。すべて答えましょう。

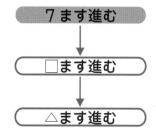

$$\Big(\quad \square = \qquad と，\triangle = \qquad \Big)$$

$$\Big(\quad \square = \qquad と，\triangle = \qquad \Big)$$

2 コインを 10 のますまで進めます。□と△にあてはまる数の組み合わせは，何組ありますか。

①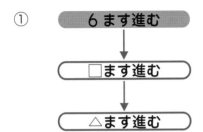

（　　　　）

全部で10ます進めるんだよ。

②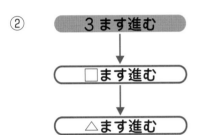

（　　　　）

③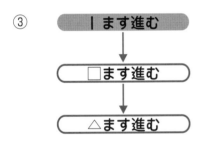

（　　　　）

3 コインを 10 のますまで進めます。□と△と☆にあてはまる数の組み合わせは，何組ありますか。

□に入る数は，8,7,6,…,1 の8つ考えられるね。

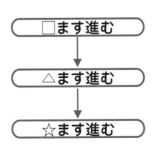

（　　　　）

5 小数のかけ算(1)

1 289×34＝9826 をもとにして，次の計算をしましょう。

小数点をうつ
位置を考える
んだよ。

① 28.9×3.4

② 289×3.4

③ 2.89×3.4

④ 28.9×0.34

2 次の計算をしましょう。

①
```
    2.4
×  1.6
```

②
```
    7.6
×  4.5
```

③
```
  6 2.8
×   5.3
```

④
```
  2.8 5
×   9.4
```

⑤
```
    0.8
×  3.7
```

⑥
```
  0.9 5
×   7.2
```

⑦
```
    4.2
× 6.3 8
```

⑧
```
  3 0.9
× 2.7 1
```

小数点より
右の最後の
0は消して
おこう。

12

3 3.5mのパイプがあります。このパイプの 1mの重さは 14.2kgです。パイプの
重さは何kgですか。

式

答え (　　　　　)

かんがえよう! ー算数とプログラミングー

①，②にあてはまるものを下の□の中から選んで記号で答えましょう。

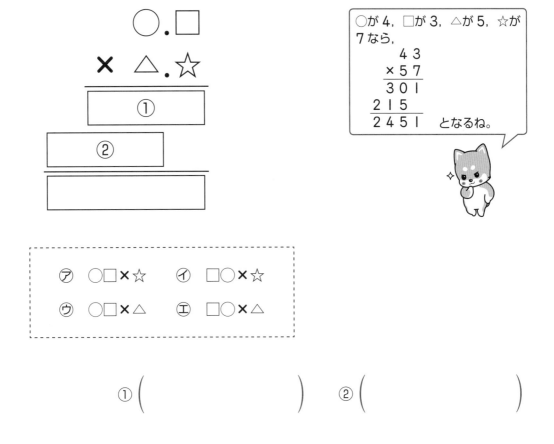

①(　　　　　)　　②(　　　　　)

学習した日

月　　　日

答えは 別さつ 5 ページ

1 次の計算をしましょう。

①
$$\begin{array}{r} 7 \\ \times\ 5.8 \\ \hline \end{array}$$

②
$$\begin{array}{r} 32 \\ \times\ 4.5 \\ \hline \end{array}$$

③
$$\begin{array}{r} 196 \\ \times\ \ 2.4 \\ \hline \end{array}$$

2 次の計算をしましょう。

①
$$\begin{array}{r} 1.39 \\ \times\ \ 0.7 \\ \hline \end{array}$$

②
$$\begin{array}{r} 1.5 \\ \times\ 0.62 \\ \hline \end{array}$$

③
$$\begin{array}{r} 8.74 \\ \times\ 0.93 \\ \hline \end{array}$$

④
$$\begin{array}{r} 60 \\ \times\ 0.85 \\ \hline \end{array}$$

⑤
$$\begin{array}{r} 0.4 \\ \times\ 0.9 \\ \hline \end{array}$$

⑥
$$\begin{array}{r} 0.55 \\ \times\ \ 0.8 \\ \hline \end{array}$$

⑦
$$\begin{array}{r} 0.3 \\ \times\ 0.16 \\ \hline \end{array}$$

⑧
$$\begin{array}{r} 0.25 \\ \times\ 0.28 \\ \hline \end{array}$$

⑨
$$\begin{array}{r} 0.68 \\ \times\ 0.02 \\ \hline \end{array}$$

3 1mのねだんが 50 円のリボンがあります。このリボン 6.5mの代金はいくらで
すか。

式

答え（　　　　　　）

4 大きい水そうに水が 95L 入っています。小さい水そうには，大きい水そうの
0.4 倍の量の水が入っています。小さい水そうに入っている水の量は何Lですか。

式

答え（　　　　　　）

かんがえよう！ ー算数とプログラミングー

①，②にあてはまるものを下の の中から選んで記号で答えましょう。

| 1.6×0.45 | 0.4×0.07 | 0.4×1.29 |

| 0.05×0.8 | 0.5×3.9 | 8.6×0.2 |

・上のカードで，積がかけられる数より大きいものは， ① まいです。

・上のカードで，積がかけられる数より小さいものは， ② まいです。

　⑦ 1　　⑦ 2　　⑦ 3　　⑦ 4

①（　　　　　　） ②（　　　　　　）

7 小数のわり算(1)

1 247÷38＝6.5 をもとにして，次の計算をしましょう。

① 24.7÷3.8

② 24.7÷0.38

③ 2.47÷3.8

④ 0.247÷0.38

2 次の計算をしましょう。

① 2.7〉5.1 3

② 1.6〉7.2

0を書きた
してわり進
めよう。

③ 3.2〉8 3.2

④ 7.5〉3.6

⑤ 1.8 2〉4.5 5

⑥ 4.6 5〉6 5.1

3 1mの重さが3.5kgの鉄のぼうがあります。この鉄のぼうが16.1kgあります。長さは何mですか。

式

答え $\left(\right)$

4 長方形の形をしたシールがあります。このシールの面積は70.8cm^{2}で，たての長さは5.9cmです。横の長さは何cmですか。

式

答え $\left(\right)$

かんがえよう！ ―算数とプログラミング―

①，②にあてはまるものを下の ┊┄┊ の中から選んで記号で答えましょう。

62.4÷1.3	0.624÷0.13	6.24÷1.3

62.4÷0.13	0.624÷1.3	6.24÷0.13

624÷13＝48です。

・上のカードで，商が4.8のものは， ① まいです。

・上のカードで，商が0.48のものは， ② まいです。

┄┄┄┄┄┄┄┄┄┄┄┄┄┄┄┄┄┄┄┄
　⑦ 1　　① 4　　⑦ 2　　⑦ 3
┄┄┄┄┄┄┄┄┄┄┄┄┄┄┄┄┄┄┄┄

①$\left(\right)$ ②$\left(\right)$

8 小数のわり算⑵

1 次の計算をしましょう。

① 2.5) 6

② 0.8 3) 9.9 6

商は整数
になるね。

③ 0.4) 1.4

④ 0.8) 3.8

⑤ 0.0 9) 6 5.7

⑥ 0.2) 0.7

⑦ 0.5) 0.7 4

⑧ 0.8) 5

2 7.56mのロープを 0.42mずつに切っていきます。何本できますか。

式

答え（　　　　　）

3 9.3Lは 0.6Lの何倍ですか。

式

答え（　　　　　）

かんがえよう！ ー算数とプログラミングー

①，②にあてはまるものを下の の中から選んで記号で答えましょう。

0.96÷0.8	4.9÷1.4	1.86÷0.3

0.27÷0.06	0.02÷0.04	3.15÷4.5

・上のカードで，商がわられる数より小さいものは，①まいです。

・上のカードで，商がわられる数より大きいものは，②まいです。

⑦ 1　　④ 3　　⑦ 2　　⑨ 4

①（　　　　　）②（　　　　　）

学習した 日

月　　　日

答えは 別さつ7ページ

1 商は一の位まで求めて，あまりも出しましょう。

①

$2.7\overline{)9.4}$

あまりの小数点をうつ位置をまちがえないようにしよう。

②

$8.4\overline{)51}$

③

$9.2\overline{)718}$

④

$5.3\overline{)460}$

2 商は四捨五入して，上から2けたのがい数で求めましょう。

①

$3.1\overline{)8.8}$

商を上から3けたまで求めよう。

②

$6.9\overline{)37.2}$

③

$7.4\overline{)7.81}$

④

$0.45\overline{)8.79}$

20

3 90cmのテープを 6.7cm ずつに分けます。6.7cmのテープは何本できて，何cmあまりますか。

式

答え（　　　　　本できて，　　　　　cmあまる。）

4 1.7L のペンキで 6.53m² のかべをぬれました。このペンキ 1L では何m² のかべをぬることができますか。答えは四捨五入して，上から 2 けたのがい数で求めましょう。

式

答え（　　　　　　　　　）

①，②にあてはまるものを下の　　の中から選んで記号で答えましょう。

| 7.3÷2.1 | 9.5÷3.4 | 9.1÷1.2 | 8.5÷4.1 |

・上のカードで，商を一の位まで求めたとき，あまりが1未満になるものは
① まいです。

・上のカードで，商を一の位まで求めたとき，あまりが2以上になるものは
② まいです。

⑦ 0　　⑦ 3　　⑦ 2　　⑦ 1

①（　　　　　）②（　　　　　）

21

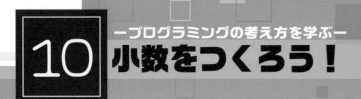

学習した日

月　日

答えは 別さつ 8 ページ

下のようなますに数を入れて小数をつくります。

（例）次のように数を入れると，どんな小数ができますか。

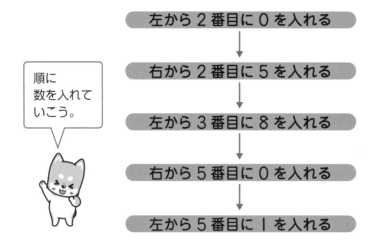

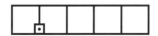

順に数を入れていこう。

左から 2 番目に 0 を入れる

右から 2 番目に 5 を入れる

左から 3 番目に 8 を入れる

右から 5 番目に 0 を入れる

左から 5 番目に 1 を入れる

（答え）　0.0851

1 次のように数を入れると，どんな小数ができますか。

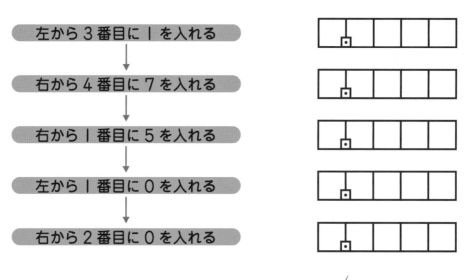

左から 3 番目に 1 を入れる

右から 4 番目に 7 を入れる

右から 1 番目に 5 を入れる

左から 1 番目に 0 を入れる

右から 2 番目に 0 を入れる

（　　　　　　　）

2 次のように数を入れると，どんな小数ができますか。

①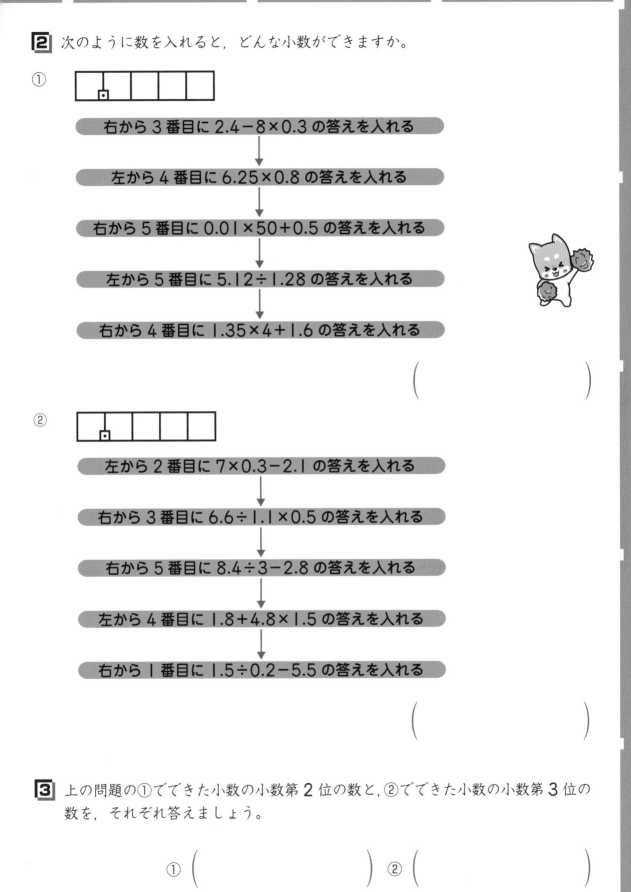

右から 3 番目に 2.4−8×0.3 の答えを入れる

↓

左から 4 番目に 6.25×0.8 の答えを入れる

↓

右から 5 番目に 0.01×50+0.5 の答えを入れる

↓

左から 5 番目に 5.12÷1.28 の答えを入れる

↓

右から 4 番目に 1.35×4+1.6 の答えを入れる

(   )

②

左から 2 番目に 7×0.3−2.1 の答えを入れる

↓

右から 3 番目に 6.6÷1.1×0.5 の答えを入れる

↓

右から 5 番目に 8.4÷3−2.8 の答えを入れる

↓

左から 4 番目に 1.8+4.8×1.5 の答えを入れる

↓

右から 1 番目に 1.5÷0.2−5.5 の答えを入れる

(   )

3 上の問題の①でできた小数の小数第 2 位の数と，②でできた小数の小数第 3 位の数を，それぞれ答えましょう。

①(   ) ②(   )

11 合同な図形

学習した日　　月　　日

答えは 別さつ 8 ページ

1 下の図の中から，合同な図形を選び，記号で答えましょう。

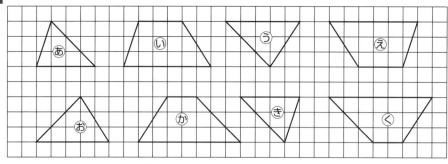

形も大きさも同じ図形をさがそう。

（　　　と　　　）（　　　と　　　）

（　　　と　　　）（　　　と　　　）

2 右の図の 2 つの三角形は合同です。

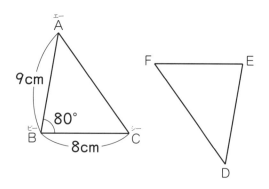

① 辺 D E の長さは何cmですか。

（　　　　　　）

② 辺 E F の長さは何cmですか。

（　　　　　　）

③ 角 E の大きさは何度ですか。

（　　　　　　）

3 右の図の 2 つの四角形は合同です。

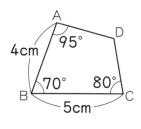

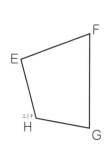

① 辺 E F の長さは何cmですか。

（　　　　　　）

② 辺 F G の長さは何cmですか。

（　　　　　　）

③ 角 F の大きさは何度ですか。

（　　　　　　）

24

4 次の三角形と合同な三角形をかきましょう。

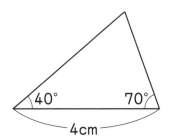

5 次の三角形と合同な四角形をかきましょう。

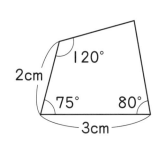

かんがえよう！ ―算数とプログラミング―

①，②にあてはまるものを下の　　　の中から選んで記号で答えましょう。
下の図で，あと合同な図形には青をぬります。あと合同でない図形には赤をぬります。

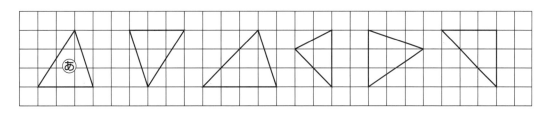

・青にぬられた形は ① つ，赤にぬられた形は ② つになります。

① (　　　　　　) ② (　　　　　　)

12 三角形・四角形の角

1 次の図の⑩，⑪，⑦，⑦の角度を計算で求めましょう。

①

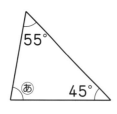

式

答え（　　　　　）

②

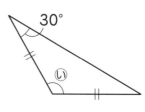

式

答え（　　　　　）

③

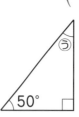

式

答え（　　　　　）

④

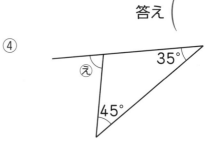

式

答え（　　　　　）

2 次の図の⑩，⑪の角度を計算で求めましょう。

①

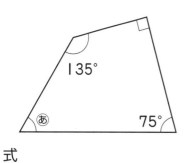

式

答え（　　　　　）

②

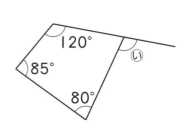

式

答え（　　　　　）

3 右の図は七角形です。

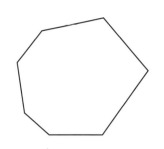

① いくつの三角形に分けることができますか。

（　　　　　）

② 七角形の角の大きさの和を計算で求めましょう。

式

答え（　　　　　）

4 1組の三角定規を組み合わせて次のような形を作ります。あ，いの角度を計算で求めましょう。

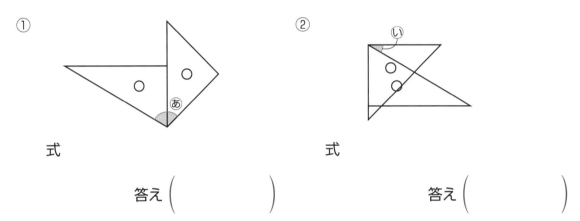

①

式

答え（　　　　　）

②

式

答え（　　　　　）

かんがえよう！ ー算数とプログラミングー

①，②にあてはまるものを下の［　　］の中から選んで記号で答えましょう。
多角形の角の大きさの和は，多角形をいくつかの三角形に分けて求めることができます。

○角形は，① 個の三角形に分けることができるので，

○角形の角の大きさの和は，② 度になります。

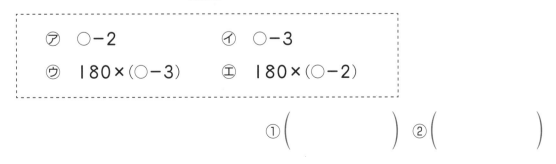

　⑦　○−2　　　　　④　○−3
　⑦　180×（○−3）　　⑪　180×（○−2）

①（　　　　　）②（　　　　　）

1 次の数を偶数と奇数に分けて，記号で答えましょう。

⑦	70	⑦	23	⑦	0
⑦	45	⑦	1	⑦	300

2 でわり切れる整数が偶数，2 でわり切れない整数が奇数だね。

偶数 (　　　　　　　　　　) 奇数 (　　　　　　　　)

2 31 以上 43 以下の整数に，偶数と奇数はそれぞれ何個ありますか。

偶数 (　　　　　　) 奇数 (　　　　　　)

3 次の問題に答えましょう。

① 8 の倍数を小さいほうから順に 3 つ書きましょう。

(　　　　　　　　　　)

② 8 と 12 の公倍数を小さいほうから順に 3 つ書きましょう。

(　　　　　　　　　　)

③ 8 と 12 の最小公倍数を求めましょう。

(　　　　　　)

4 次の問題に答えましょう。

① 36 の約数をすべて書きましょう。

(　　　　　　　　　　)

② 36 と 45 の公約数をすべて書きましょう。

(　　　　　　　　　　)

③ 36 と 45 の最大公約数を求めましょう。

(　　　　　　)

5 駅から，東町行きのバスは 5 分ごとに，西町行きのバスは 14 分ごとに発車します。午前 7 時に東町行きのバスと西町行きのバスが同時に発車しました。

① 次に同時に発車するのはいつですか。

$$\left(\right)$$

② 午前 7 時から正午までに，同時に発車するのは何回ありますか。

$$\left(\right)$$

6 あめが 96 個，クッキーが 108 個あります。

① 4 人で同じ個数ずつ分けると，1 人分はそれぞれ何個ずつになりますか。

あめ $\left(\right)$　クッキー $\left(\right)$

② 何人かであまりが出ないように，それぞれ同じ個数ずつ分けます。できるだけ多くの人数に分けるとすると，何人に分けられますか。

$$\left(\right)$$

かんがえよう！　―算数とプログラミング―

①，②にあてはまるものを下の□□□の中から選んで記号で答えましょう。

60	24	2	12
6	4	5	18

・上の 8 まいのカードで，24 の約数であるカードは ① まいです。

・上の 8 まいのカードで，60 の約数であるカードは ② まいです。

| ⑦ 4 | ⑦ 5 | ⑦ 6 | ⑦ 7 |

①$\left(\right)$ ②$\left(\right)$

14 ープログラミングの考え方を学ぶー
形を分けよう！

1 下のような 6 つの直角三角形があります。

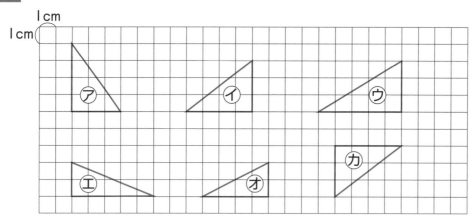

イ〜カの 5 つの直角三角形を次のように分けていきます。

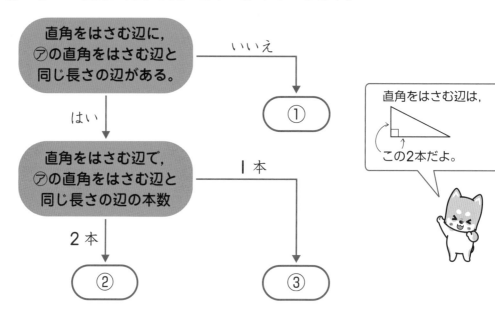

直角をはさむ辺は、
この2本だよ。

①〜③にあてはまる形を記号ですべて答えましょう。

①　(　　　　　　　　　　　　)

②　(　　　　　　　　　　　　)

③　(　　　　　　　　　　　　)

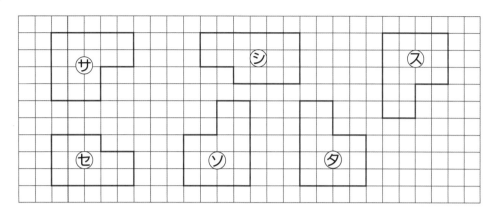

2 下のような 6 つの図形があります。

⟨シ⟩〜⟨タ⟩の 5 つの図形を次のように分けていきます。

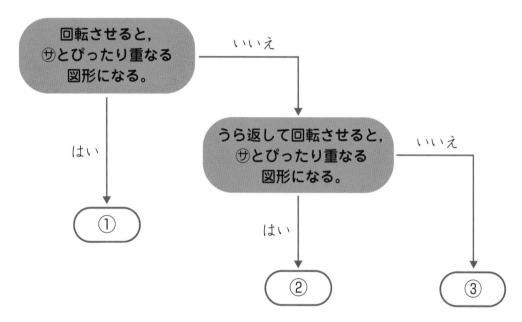

①〜③にあてはまる形を記号ですべて答えましょう。

① (   )

② (   )

③ (   )

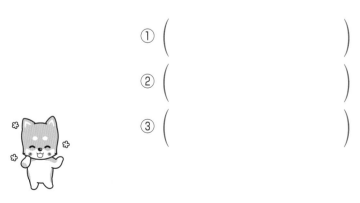

15 式と計算

1 くふうして計算しましょう。

① 26.5＋8.3＋1.7

② 17.9×2.5×4

③ 5.7×6.4＋5.7×3.6

④ 16.8×9.2−6.8×9.2

⑤ 10.1×7.9

⑥ 96×1.5

2 次の□にあてはまる数を求めましょう。

① □＋3.4＝7.6

② □−5.2＝4.9

（　　　　　）

（　　　　　）

③ 8−□＝1.7

④ □×1.4＝9.8

（　　　　　）

（　　　　　）

⑤ □÷2.4＝1.5

⑥ 5.2÷□＝6.5

（　　　　　）

（　　　　　）

3 次のある数を□として式に表して，□にあてはまる数を求めましょう。

① ある数に **6.3** をたすと，**14.2** になる。

式

答え （　　　　　）

② ある数から **0.7** をひくと，**9.6** になる。

式

答え （　　　　　）

③ ある数に **3.5** をかけると，**32.2** になる。

式

答え （　　　　　）

④ ある数を **4.8** でわると，**7.5** になる。

式

答え （　　　　　）

かんがえよう！　ー算数とプログラミングー

①，②にあてはまるものを下の　　　の中から選んで記号で答えましょう。

□÷○＝△　という式があります。

・○が1.6，△が2.5のとき，□にあてはまる数は，　①　です。

・□が15.3，△が1.8のとき，○にあてはまる数は，　②　です。

⑦ 27.54	⑦ 4
⑦ 0.64	⑦ 8.5

①（　　　　　）②（　　　　　）

1 次のわり算の商を分数で表しましょう。

① 3÷4

わられる数が分子に，わる数が分母になるよ。

② 5÷7

③ 6÷11

④ 18÷19

⑤ 9÷2

⑥ 13÷3

2 次の分数を小数か整数で表しましょう。

① $\dfrac{7}{10}$

（　　　　　）

② $\dfrac{3}{5}$

（　　　　　）

③ $\dfrac{7}{4}$

（　　　　　）

④ $\dfrac{36}{9}$

（　　　　　）

⑤ $3\dfrac{1}{2}$

（　　　　　）

⑥ $1\dfrac{1}{8}$

（　　　　　）

3 次の小数や整数を分数で表しましょう。

① 0.9

（　　　　　）

② 1.7

（　　　　　）

③ 4.03

（　　　　　）

④ 5

（　　　　　）

4 次の□にあてはまる等号か不等号を書きましょう。

① 0.4 □ $\dfrac{4}{5}$

② 0.8 □ $\dfrac{3}{4}$

③ $\dfrac{7}{10}$ □ 0.7

④ $\dfrac{5}{2}$ □ 3

⑤ $\dfrac{11}{8}$ □ 1.375

⑥ 1.7 □ $\dfrac{5}{3}$

⑦ $\dfrac{13}{9}$ □ 1.4

⑧ $\dfrac{10}{7}$ □ 1.43

5 11cmは，4cmの何倍ですか。小数と分数で表しましょう。

式

小数 (   )　分数 (   )

かんがえよう！ ー算数とプログラミングー

①，②にあてはまるものを下の □ の中から選んで記号で答えましょう。

| $\dfrac{10}{7}$ | $\dfrac{1}{8}$ | $\dfrac{3}{11}$ | $\dfrac{5}{4}$ | $\dfrac{1}{5}$ | $\dfrac{13}{9}$ |

・上のカードで，0.2より小さいものは，□① まいです。

・上のカードで，1.3より大きいものは，□② まいです。

| ⑦ 3　　⑦ 2　　⑦ 4　　⑤ 1 |

①(   )　②(   )

学習した 日

月　　　日

答えは 別さつ12ページ

1 次の□にあてはまる数を書きましょう。

① $\dfrac{1}{2} = \dfrac{\boxed{}}{4} = \dfrac{4}{\boxed{}}$

② $\dfrac{4}{5} = \dfrac{\boxed{}}{10} = \dfrac{12}{\boxed{}}$

2 次の分数を約分しましょう。

① $\dfrac{6}{12}$

6と12の
最大公約数
でわろう。

(　　　　　)

② $\dfrac{18}{27}$

(　　　　　)

③ $\dfrac{24}{40}$

(　　　　　)

④ $\dfrac{25}{30}$

(　　　　　)

⑤ $\dfrac{16}{28}$

(　　　　　)

⑥ $\dfrac{36}{48}$

(　　　　　)

3 次の分数を通分しましょう。

① $\dfrac{1}{3} , \dfrac{1}{4}$

(　　　　　)

② $\dfrac{2}{5} , \dfrac{3}{7}$

(　　　　　)

③ $\dfrac{5}{6} , \dfrac{7}{18}$

(　　　　　)

④ $\dfrac{3}{8} , \dfrac{5}{12}$

(　　　　　)

⑤ $\dfrac{2}{9} , \dfrac{7}{15}$

(　　　　　)

⑥ $\dfrac{11}{12} , \dfrac{3}{20}$

(　　　　　)

4 次の□にあてはまる不等号を書きましょう。

① $\dfrac{2}{3}$ □ $\dfrac{7}{10}$　　　　② $\dfrac{13}{18}$ □ $\dfrac{3}{4}$

③ $\dfrac{6}{5}$ □ $\dfrac{11}{9}$　　　　④ $\dfrac{7}{12}$ □ $\dfrac{9}{16}$

5 次の□にあてはまる分数を書きましょう。

① 10分 = □ 時間　　　　② 92分 = □ 時間

③ 40秒 = □ 分　　　　④ 132秒 = □ 分

かんがえよう！　－算数とプログラミング－

①，②にあてはまるものを下の の中から選んで記号で答えましょう。

「$\dfrac{64}{80}$ を約分すると，$\dfrac{3}{5}$ です。」

上の文章の下線部分はまちがっています。

まちがいを説明している文章は，□① です。正しい数は，□② です。

㋐ $\dfrac{3}{4}$

㋑ $\dfrac{4}{5}$

㋒ 分子と分母を，分子と分母の最大公約数でわっていないから。

㋓ 分子と分母を，分子と分母の最小公倍数でわっていないから。

---

①（　　　　） ②（　　　　）

どんな計算になるかな？

◯　□　△　☆ の記号に，次の数をあてはめます。

◯←1.8　　□←0.6　　△←1.2　　☆←4

(例)次の計算をしましょう。

① ◯×☆
　　◯に 1.8，☆に 4 を入れると，1.8×4＝7.2
(答え)　7.2

② △＋☆×□
　　△に 1.2，☆に 4，□に 0.6 を入れると，1.2＋4×0.6＝1.2＋2.4＝3.6
(答え)　3.6

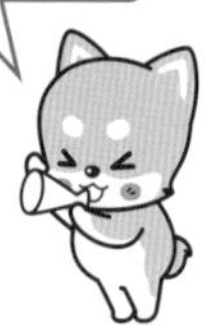

記号に数をあてはめよう。

1 上の記号を使って次の計算をしましょう。

① ◯＋△×□

（　　　　　）

② △×◯÷☆

（　　　　　）

③ （☆＋□）×◯

（　　　　　）

2 ◯ □ △ ☆ の記号に，次の数をあてはめます。

◯←0.9 　□←1.5 　△←6 　☆←180

上の記号を使って次の計算をしましょう。

どの記号にどの数が入るかを
まちがえないようにしよう。

① ◯×☆

（　　　　　）

② △÷□

（　　　　　）

③ □+☆÷△

（　　　　　）

④ ☆−◯×□

（　　　　　）

⑤ (△−□)÷◯

（　　　　　）

19 分数のたし算とひき算(1)

答えは 別さつ14ページ

1 次の計算をしましょう。

① $\dfrac{1}{2} + \dfrac{2}{5}$

まず，通分をしよう。

② $\dfrac{1}{9} + \dfrac{2}{3}$

③ $\dfrac{3}{4} + \dfrac{1}{12}$

④ $\dfrac{4}{5} - \dfrac{1}{3}$

⑤ $\dfrac{7}{8} - \dfrac{5}{6}$

⑥ $\dfrac{6}{7} - \dfrac{5}{14}$

2 次の計算をしましょう。

① $\dfrac{3}{4} + \dfrac{2}{5}$

② $\dfrac{2}{7} + \dfrac{5}{3}$

③ $\dfrac{5}{6} + \dfrac{4}{15}$

④ $\dfrac{3}{2} - \dfrac{5}{9}$

⑤ $1\dfrac{1}{3} - \dfrac{5}{8}$

⑥ $1\dfrac{3}{10} - \dfrac{4}{5}$

3 赤いリボンが $\frac{3}{7}$ m, 青いリボンが $\frac{4}{9}$ mあります。

① 2本のリボンをあわせると, 何mありますか。

式

答え（　　　　　　　　）

② どちらのリボンがどれだけ長いですか。

式

答え（　　　　リボンが,　　　　m長い。）

かんがえよう！ ー算数とプログラミングー

①, ②にあてはまるものを下の[]の中から選んで記号で答えましょう。

$$\frac{1}{\bigcirc} + \frac{1}{\triangle} = \frac{\triangle}{\boxed{①}} + \frac{\bigcirc}{\boxed{①}}$$

$$= \frac{\boxed{②}}{\boxed{①}}$$

○が7, △が4なら,

$$\frac{1}{7} + \frac{1}{4} = \frac{4}{28} + \frac{7}{28} = \frac{11}{28}$$

となるね。

㋐ ○÷△　　　　㋑ ○×△

㋒ △+○　　　　㋓ △−○

①（　　　　） ②（　　　　）

41

20 分数のたし算とひき算(2)

答えは 別さつ 14 ページ

1 次の計算をしましょう。

① $1\dfrac{1}{6}+\dfrac{4}{9}$

② $1\dfrac{2}{3}+\dfrac{4}{5}$

③ $\dfrac{11}{14}+2\dfrac{5}{7}$

④ $1\dfrac{5}{12}-\dfrac{1}{4}$

⑤ $1\dfrac{3}{8}-\dfrac{5}{6}$

⑥ $2\dfrac{1}{2}-\dfrac{7}{10}$

2 次の計算をしましょう。

① $1\dfrac{3}{4}+1\dfrac{1}{7}$

② $2\dfrac{4}{15}+3\dfrac{2}{5}$

③ $2\dfrac{2}{3}+2\dfrac{7}{12}$

④ $4\dfrac{8}{9}-2\dfrac{5}{6}$

⑤ $4\dfrac{3}{8}-2\dfrac{1}{2}$

⑥ $4\dfrac{2}{5}-1\dfrac{9}{10}$

42

3 重さが $1\frac{1}{2}$ kgのかばんに，重さが $2\frac{5}{6}$ kgの荷物を入れます。重さは全部で何kgになりますか。

式

答え （　　　　　　　）

4 ポットにお茶が $1\frac{3}{8}$ L入っています。$\frac{4}{9}$ L飲みました。残りは何Lですか。

式

答え （　　　　　　　）

かんがえよう！　―算数とプログラミング―

①，②にあてはまるものを下の   の中から選んで記号で答えましょう。

$$1\frac{1}{2}+\frac{1}{6}$$

$$3\frac{1}{5}-1\frac{3}{8}$$

$$1\frac{1}{3}+1\frac{3}{4}$$

$$2\frac{5}{9}-\frac{1}{2}$$

上の4まいのカードを次のように分けます。
・答えが3より大きくなるカードは青い箱に入れる。
・答えが2より小さくなるカードは赤い箱に入れる。
・青い箱にも赤い箱にも入らないカードは白い箱に入れる。

青い箱には ① まいのカードが，赤い箱には ② まいのカードが入ります。

> ㋐ 1　　㋑ 3　　㋒ 2　　㋓ 4

①（　　　　　　　） ②（　　　　　　　）

1 次の計算をしましょう。

3つの分数のたし算も，まず，通分するよ。

① $\dfrac{1}{5} + \dfrac{1}{4} + \dfrac{2}{3}$

② $\dfrac{9}{10} - \dfrac{2}{9} - \dfrac{1}{2}$

③ $\dfrac{5}{6} - \dfrac{3}{8} + \dfrac{5}{12}$

④ $1 + \dfrac{1}{3} - \dfrac{11}{15}$

2 小数を分数で表して計算しましょう。

① $\dfrac{5}{6} + 0.7$

② $1.25 - \dfrac{13}{12}$

③ $\dfrac{2}{7} + 0.9 - \dfrac{3}{5}$

3 黄色のテープが $\dfrac{7}{9}$ m，緑のテープが 0.75m あります。あわせると何mになりますか。

式

答え （　　　　　）

4 ペンキが 1.1L あります。かべをぬるのに $\dfrac{5}{7}$ L 使いました。ペンキは何L残っていますか。

式

答え （　　　　　）

かんがえよう！ ー算数とプログラミングー

①，②にあてはまるものを下の[　]の中から選んで記号で答えましょう。

「$\dfrac{3}{4}+\dfrac{1}{5}-\dfrac{1}{2}=\dfrac{29}{20}$」の計算はまちがっています。

まちがいを説明している文章は，①です。

正しい答えは，②です。

> ⑦ $\dfrac{9}{20}$　　㋑ $\dfrac{1}{2}$ をひかずにたしている。
>
> ㋒ $\dfrac{19}{20}$　　㋓ $\dfrac{1}{5}$ をたさずにひいている。

①（　　　　　）　②（　　　　　）

1 次の平行四辺形や三角形の面積を求めましょう。

①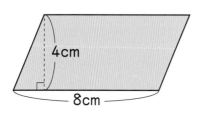

式

答え（　　　　　）

②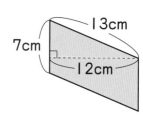

式

答え（　　　　　）

③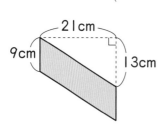

式

答え（　　　　　）

④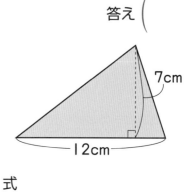

式

答え（　　　　　）

⑤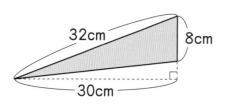

式

答え（　　　　　）

⑥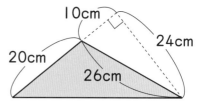

式

答え（　　　　　）

2 次の台形やひし形の面積を求めましょう。

①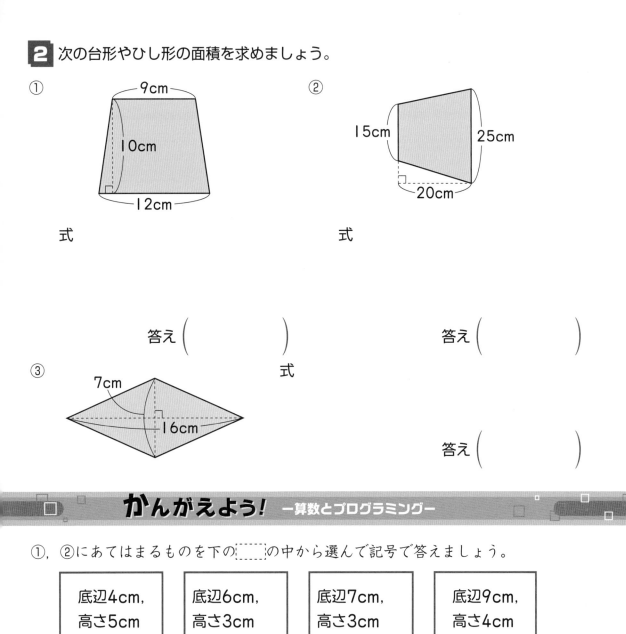
9cm
10cm
12cm

式

②
15cm   25cm
20cm

式

答え（　　　　　）

③
7cm
16cm

式

答え（　　　　　）

答え（　　　　　）

①，②にあてはまるものを下の　　　の中から選んで記号で答えましょう。

| 底辺4cm，高さ5cmの三角形 | 底辺6cm，高さ3cmの平行四辺形 | 底辺7cm，高さ3cmの平行四辺形 | 底辺9cm，高さ4cmの三角形 |

上の4まいのカードに書かれている三角形や平行四辺形の面積が

20cm²以上のものは ① まい，20cm²未満のものは ② まいです。

| ⑦ 1 | ⑦ 3 | ⑦ 2 | ⑦ 4 |

①（　　　　　）　②（　　　　　）

1 次の図形の面積を求めましょう。

①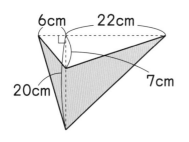

式

答え（　　　　　）

②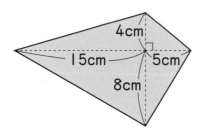

式

答え（　　　　　）

2 右の2つの図形は平行四辺形です。⑤の面積を求めましょう。直線⑰と⑱は平行です。

式

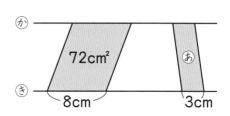

答え（　　　　　）

3 右の2つの図形は三角形です。⑤の面積を求めましょう。直線⑰と⑱は平行です。

式

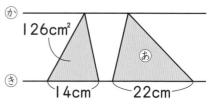

答え（　　　　　）

4 右の図のように，底辺8cmの三角形の高さを
1cm，2cm，3cm，…と変えていきます。

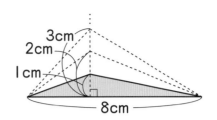

① 高さを△cm，面積を□cm² として，三角形の
面積を求める式を書きましょう。

(　　　　　　　　　　　　)

② 下の表のあいているところに数を書きましょう。

高さ△(cm)	1	2	3	4	5	6
面積□(cm²)	4					

③ 高さが2倍，3倍，…になると，それにともなって面積はどのように変わりますか。

(　　　　　　　　　　　　　　　　　　　)

④ 三角形の面積は高さに比例しているといえますか。

(　　　　　)

かんがえよう！ ─算数とプログラミング─

①，②にあてはまるものを下の□□□の中から選んで記号で答えましょう。

「面積が48cm²の三角形の高さが12cmのとき，底辺の長さは__4cm__です。」

上の文章の下線部分はまちがっています。

まちがいを説明している文章は， ① です。

正しい長さは， ② です。

---
　⑦ 三角形の面積を，底辺×高さ×2で求めていないから。
　⑦ 2cm
　⑨ 三角形の面積を，底辺×高さ÷2で求めていないから。
　⑨ 8cm
---

①(　　　　) ②(　　　　)

鳥ロボットを動かします。

命令は，　1ます進む　，　右にまわる　，　左にまわる　を組み合わせてつくります。

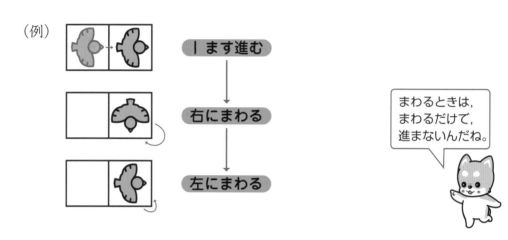

（例）

1ます進む

右にまわる

左にまわる

まわるときは，
まわるだけで，
進まないんだね。

1 次のような命令をすると，鳥ロボットは，どのように進みますか。記号で答えましょう。

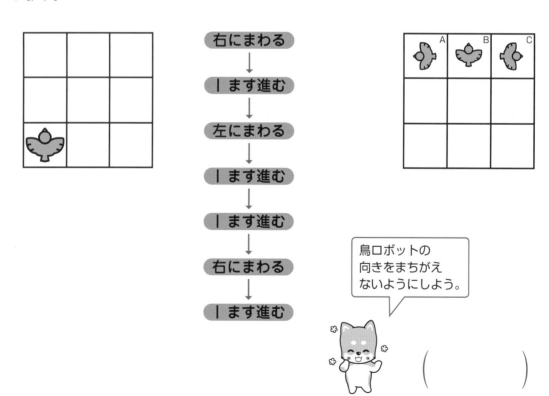

右にまわる

1ます進む

左にまわる

1ます進む

1ます進む

右にまわる

1ます進む

鳥ロボットの
向きをまちがえ
ないようにしよう。

（　　　　　）

2 次のような命令をすると，鳥ロボットは，どのように進みますか。アルファベットと向きで答えましょう。向きは，上，右，左，下で答えましょう。

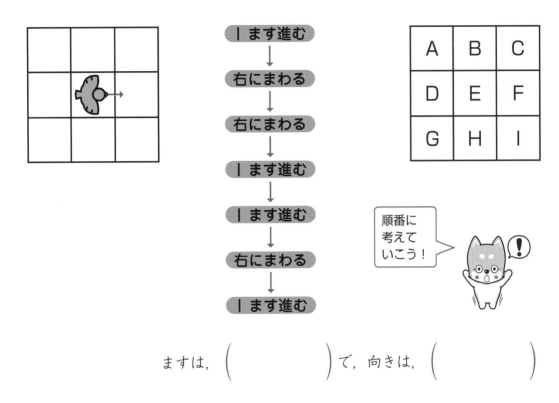

順番に
考えて
いこう！

ますは，$\left(\right)$で，向きは，$\left(\right)$

3 鳥ロボットが下のように進みました。どのような命令をしましたか。続きを書きましょう。

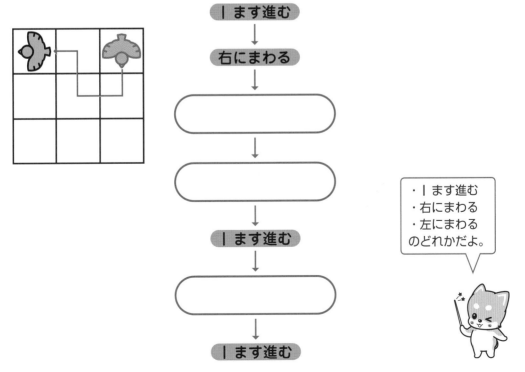

・１ます進む
・右にまわる
・左にまわる
のどれかだよ。

1 次の長さの平均は何cmですか。

(26cm, 27cm, 29cm, 24cm, 29cm)

式

平均＝合計÷個数
で求めよう。

答え（　　　　　　　）

2 いちごの重さは1個平均18gでした。このいちご30個の重さは何gになりますか。

式

答え（　　　　　　　）

3 かなえさんのクラスの最近6日間の欠席人数は,次のようでした。1日の欠席人数の平均は何人ですか。

(2人, 1人, 0人, 3人, 1人, 2人)

式

答え（　　　　　　　）

4 右の表は, A, Bの2つの部屋の広さとその部屋にいる人数です。どちらの部屋のほうがこんでいますか。1m²あたりの人数を比べて答えましょう。

	面積(m²)	人数(人)
A	50	15
B	30	12

式

答え（　　　　　のほうがこんでいる。）

5 右の表は，北市と南市の面積と人口です。北市と南市では，どちらのほうが人口密度が高いですか。

	面積(km²)	人数(万人)
北市	870	26
南市	750	23

式

答え（　　　　　　　）

6 30個で1650円のチョコレートと，45個で2700円のチョコレートがあります。1個あたりのねだんが高いのはどちらですか。

式

答え（　　　　個で　　　　円のチョコレート）

かんがえよう！ ー算数とプログラミングー

①，②にあてはまるものを下の ┌┄┄┐ の中から選んで記号で答えましょう。

左ページの **3** の問題をたかしさんは，次のように考えました。

「式は，(2＋1＋0＋3＋1＋2)÷5＝1.8で，答えは1.8人です。」

上の文章の下線部分はまちがっています。

まちがいを説明している文章は，① です。

平均を求めるときの注意を説明している文章は，② です。

┌──────────────────────┐
　⑦　数が0のときは1個として数えません。
　④　0人を個数に入れているから。
　⑦　数が0のときも1個と数えます。
　⑤　0人を個数に入れていないから。
└──────────────────────┘

①（　　　　　　）　②（　　　　　　）

1 Aの自動車は，30Lのガソリンで960km走れます。
Bの自動車は，25Lのガソリンで850km走れます。
ガソリン１Lあたりに走る道のりが長いのは，どちらの自動車ですか。

式

答え（　　　　　　　　の自動車）

2 Aの田は18aで，米が1020kgとれました。
Bの田は22aで，米が1270kgとれました。
１aあたりにとれた米の量が多いのは，どちらの田ですか。

式

答え（　　　　　　　　の田）

3 6時間で570km走る電車の時速を求めましょう。

式

速さ＝道のり÷時間
だね。

答え（　　　　　　　　）

4 分速70mで歩く人が12分間で進む道のりは何mですか。

式

答え（　　　　　　　　）

5 1680mの道のりを分速120mで走ると何分かかりますか。

式

答え（　　　　　　　　）

6 さやかさんは自転車で家から駅まで行きました。分速175mで16分かかりました。家から駅までの道のりは何kmですか。

式

答え（　　　　　　　）

7 たくみさんは家から公園までの3250mの道のりを時速6kmで走りました。家から公園まで何分何秒かかりましたか。

式

答え（　　　　　　　）

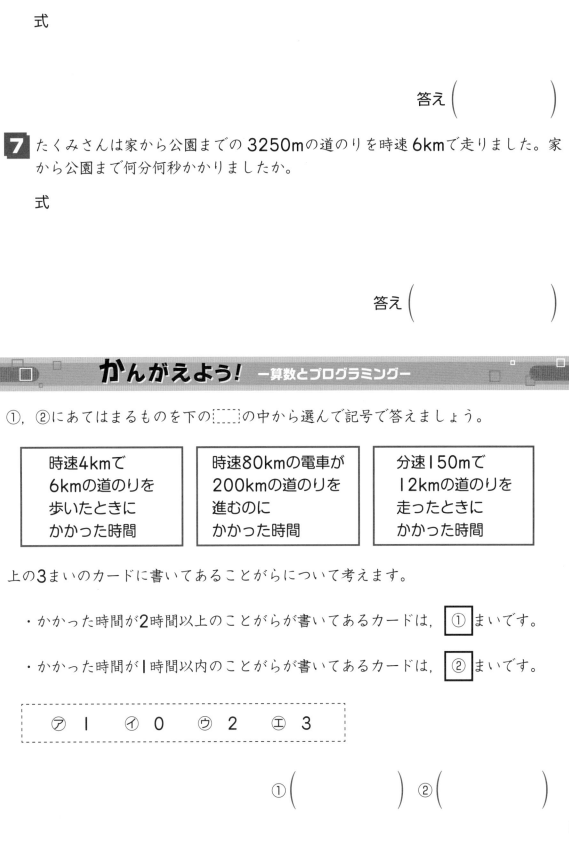

かんがえよう！ －算数とプログラミング－

①，②にあてはまるものを下の＿＿の中から選んで記号で答えましょう。

時速4kmで 6kmの道のりを 歩いたときに かかった時間	時速80kmの電車が 200kmの道のりを 進むのに かかった時間	分速150mで 12kmの道のりを 走ったときに かかった時間

上の3まいのカードに書いてあることがらについて考えます。

・かかった時間が2時間以上のことがらが書いてあるカードは，　①　まいです。

・かかった時間が1時間以内のことがらが書いてあるカードは，　②　まいです。

＿＿＿＿＿＿＿＿＿＿＿＿＿＿＿＿＿＿＿＿＿
ⓐ 1　　ⓘ 0　　ⓤ 2　　ⓔ 3
＿＿＿＿＿＿＿＿＿＿＿＿＿＿＿＿＿＿＿＿＿

①（　　　　　）　②（　　　　　）

1 パソコンクラブの定員は 10 人で, 希望者数は 12 人でした。定員をもとにした ときの希望者数の割合を求めましょう。

式

> 比べられる量と もとにする量を まちがえないよ うにしよう。

答え（　　　　　）

2 スポーツの本のねだんは 700 円で, 科学の本のねだんはスポーツの本のねだん の 1.4 倍です。科学の本のねだんは何円ですか。

式

答え（　　　　　）

3 小さい水そうに水が 60L 入っています。これは大きい水そうに入る水の量の 0.3 倍だそうです。大きい水そうには水が何L入りますか。

式

答え（　　　　　）

4 次の割合を百分率で表しましょう。

① 0.07

② 0.83

（　　　　　）　　　　　　（　　　　　）

③ 0.9

④ 1.05

（　　　　　）　　　　　　（　　　　　）

5 次の割合を小数または整数で表しましょう。

① 2%

② 40%

（　　　　　）　　　　　　（　　　　　）

③ 167%

④ 300%

（　　　　　）　　　　　　（　　　　　）

6 プリンは1個150円で，ケーキは1個390円です。プリンのねだんをもとにしたときのケーキのねだんの割合は何%になりますか。

式

答え（　　　　　）

7 けんやさんの家の畑の面積は250m² で，そのうち48%は玉ねぎの畑です。玉ねぎの畑の面積は何m² ですか。

式

答え（　　　　　）

8 バスに14人乗っています。これは定員の35%です。バスの定員は何人ですか。

式

答え（　　　　　）

かんがえよう！ ー算数とプログラミングー

①，②にあてはまるものを下の　　　の中から選んで記号で答えましょう。

「6mの40%は，<u>24m</u>です。」

上の文章の下線部分はまちがっています。

まちがいを説明している文章は，①です。正しい答えは，②です。

- ⑦ 40%を40として，6×40を計算している。
- ④ 40%を4として，6×4を計算している。
- ⑦ 240m
- ⑤ 2.4m

①（　　　　　） ②（　　　　　）

28 割合，百分率，割合のグラフ(2)

答えは 別さつ 20 ページ

1 500 円のメロンを 30%びきで買いました。いくらで買いましたか。

式

答え（　　　　　　　）

2 3400 円のくつを 15%びきで買いました。いくらで買いましたか。

式

答え（　　　　　　　）

3 400 円で仕入れたコップに，利益を 26%つけて売ろうと思います。売るねだんはいくらになりますか。

式

答え（　　　　　　　）

4 下の帯グラフは，好きなくだものを調べた結果を表したものです。

好きなくだもの

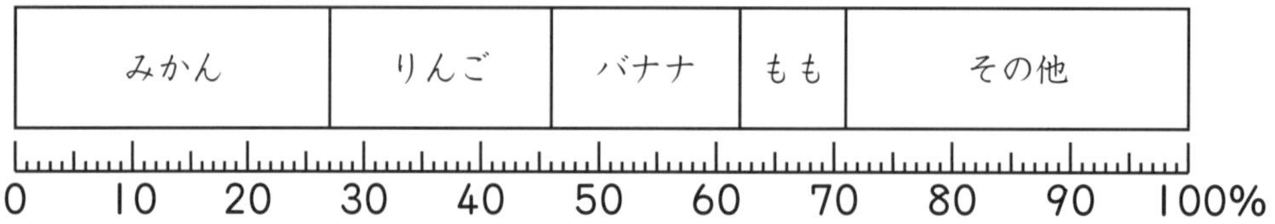

みかん	りんご	バナナ	もも	その他

0　10　20　30　40　50　60　70　80　90　100%

① みかんの割合は何%ですか。

（　　　　　　　）

② バナナの割合は何%ですか。

（　　　　　　　）

③ みかんの割合は，ももの割合の何倍になっていますか。

（　　　　　　　）

5 下の表は，あやかさんのクラスで好きな教科を調べた結果です。この表の割合を，円グラフに表しましょう。

好きな教科

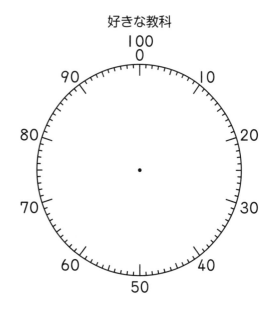

好きな教科

教科	人数(人)	百分率(%)
図工	12	30
理科	10	25
体育	6	15
算数	4	10
その他	8	20
合計	40	100

かんがえよう！ ―算数とプログラミング―

①，②にあてはまるものを下の□□□の中から選んで記号で答えましょう。

「○円のかばんを△％びきで買いました。いくらで買いましたか。」という問題を考えます。

　△％を小数になおすと，①なので，

　ひかれたねだんは，（○×①）円です。

　だから，買ったねだんは，②円です。

> ⑦　○－○×（△×0.01）　　　④　△×0.1
>
> ⑨　○×（△×0.01）　　　　　⑤　△×0.01

①（　　　　　）②（　　　　　）

0，1，2，3，4，5，6，7，8，9の10種類の数を使って数を表すことを十進法（じっしんほう）といいます。

0，1の2種類の数を使って数を表すことを二進法（にしんほう）といいます。

（例1）十進法の0は，　二進法でも　0

　　　　十進法の1は，　二進法でも　1

　　　　十進法の2は，　二進法では　10

　　　　十進法の3は，　二進法では　11

（例2）十進法の10を二進法の数になおしましょう。

$$
\begin{array}{r}
2\,)\,10 \\
2\,)\ \ 5 \quad \text{あまり } 0 \\
2\,)\ \ 2 \quad \text{あまり } 1 \\
1 \quad \text{あまり } 0
\end{array}
$$

十進法の10を2でわっていって，いちばん下の商と，あまりを下からならべたものが求める数になるよ。

⇩

いちばん下の商は1，あまりは下から順に0，1，0

⇩

十進法の10を二進法で表すと，1010　　　　　　　　（答え）　1010

（例3）二進法の111を十進法の数になおしましょう。

　　　二進法の100は，十進法では，1×2×2＝4

　　　二進法の　10は，十進法では，1×2＝2

　　　二進法の　　1は，十進法では，1

　　　なので，4＋2＋1＝7　　　　　　　　　　　　（答え）　7

十進法の1，2，4，8，16は，
二進法では，1，10，100，1000，10000
となるんだね。

1 十進法で表された次の数を，二進法の数になおしましょう。

① 8

時計は
六十進法の
考え方だよ。

(　　　　　　　　)

② 13

(　　　　　　　　)

③ 17

(　　　　　　　　)

2 二進法で表された次の数を，十進法の数になおしましょう。

① 101

二進法は，
コンピュータなどに
使われているよ。

(　　　　　　　　)

② 1100

(　　　　　　　　)

③ 10011

(　　　　　　　　)

30 正多角形と円(1)

学習した日　　月　　日

答えは 別さつ 21ページ

1 次のあ～おの中から，正多角形であるものをすべて選び，記号で答えましょう。

あ
い
う
え
お

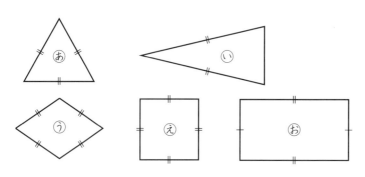

正多角形は，辺の長さも角の大きさもすべて等しいよ。

（　　　　　　）

2 右の図は，正八角形で，点Oは円の中心です。

O
あ
い
A
B

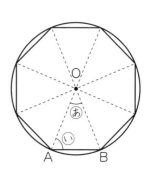

① あの角度を計算で求めましょう。

式

答え（　　　　　　）

② いの角度を計算で求めましょう。

式

答え（　　　　　　）

③ 三角形OABは何という三角形ですか。

（　　　　　　）

3 右の図は，正五角形で，点Oは円の中心です。
あの角度を計算で求めましょう。

O
あ

式

答え（　　　　　　）

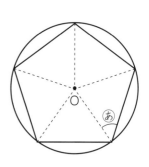

4 次の円の円周の長さを求めましょう。

①

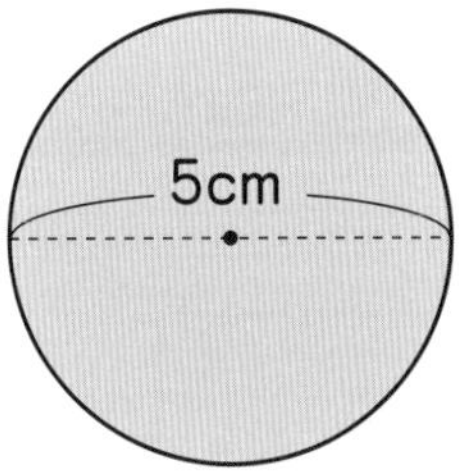

5cm

式

答え（ 　　　　 ）

②

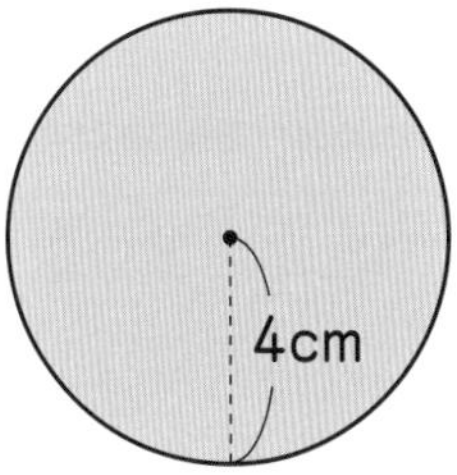

4cm

式

答え（ 　　　　 ）

③ 直径 12cmの円
式

答え（ 　　　　 ）

④ 半径 15cmの円
式

答え（ 　　　　 ）

かんがえよう！ ー算数とプログラミングー

①，②にあてはまるものを下の◯◯◯の中から選んで記号で答えましょう。
「1辺の長さがすべて等しい四角形は，正多角形といえます。」はまちがっています。

（まちがいの説明）1辺の長さがすべて等しい四角形には，角の大きさもすべて

等しい ① と，角の大きさがすべて等しくはない ② があります。

② は正多角形ではないので，上の文章は正しくありません。

┌─────────────────────────────────────┐
⑦　長方形　　④　正方形　　⑦　ひし形　　⑤　台形
└─────────────────────────────────────┘

①（ 　　　　 ）　②（ 　　　　 ）

31 正多角形と円(2)

学習した日　　月　　日

答えは 別さつ 22 ページ

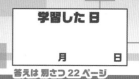

1 次の図のまわりの長さを求めましょう。

直線の部分の長さをたすのをわすれないようにしよう。

①

10cm

式

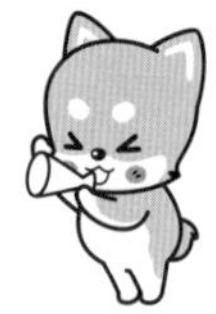

答え（　　　　　）

②

3cm

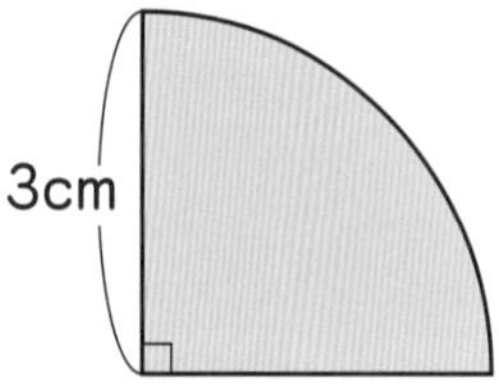

式

答え（　　　　　）

③

45°
45°
18cm

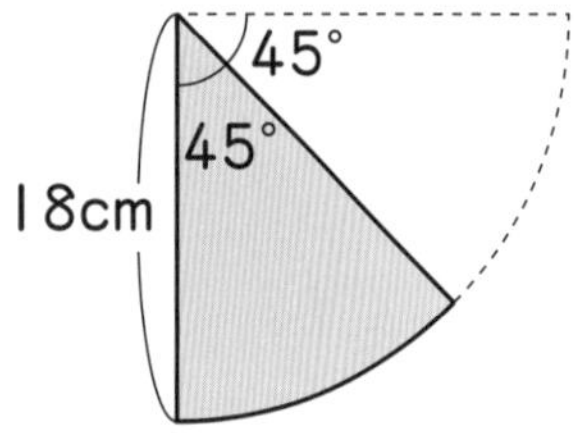

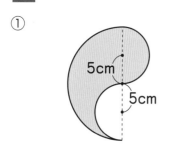

式

答え（　　　　　）

2 次の図のまわりの長さを求めましょう。

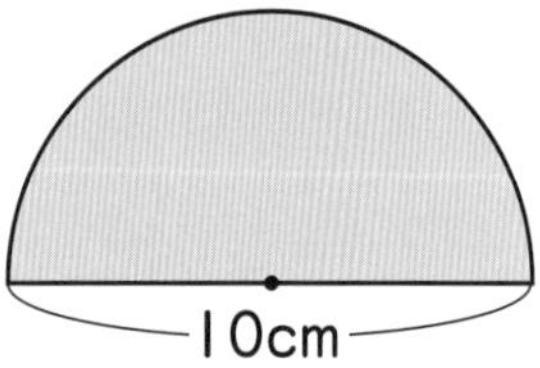

①

5cm
5cm

式

答え（　　　　　）

②

8cm
12cm
4cm

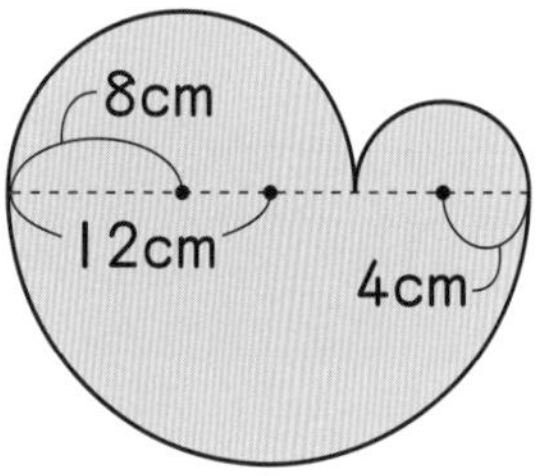

式

答え（　　　　　）

3 右の図のように，円の直径を 1cm，2cm，3cm，…
と変えていきます。

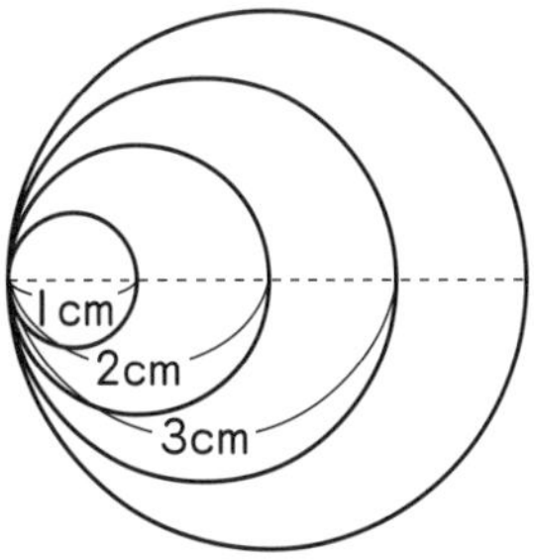

① 直径を△cm，円周の長さを□cmとして，円周の長さ
を求める式を書きましょう。

（　　　　　　　　　　　　）

② 下の表のあいているところに数を書きましょう。

直径△(cm)	1	2	3	4	5	6
円周の長さ□(cm)	3.14					

③ 直径が2倍，3倍，…になると，それにともなって円周の長さはどのように変
わりますか。

（　　　　　　　　　　　　　　　　　　　　）

④ 円周の長さは直径に比例しているといえますか。

（　　　　　　）

⑤ 直径が13cmのときの円周の長さは何cmですか。

（　　　　　　）

かんがえよう！ ―算数とプログラミング―

①，②にあてはまるものを下の 　　 の中から選んで記号で答えましょう。

| 半径40cmの円 | | 直径20cmの円 |

| 直径50cmの円 | | 半径20cmの円 |

上の4まいのカードに書いてある円の円周の長さのうち，150cm以上のものは

① まい，100cm以下のものは ② まいです。

⑦ 1　　④ 2　　⑦ 3　　⑨ 0

①（　　　　　）②（　　　　　）

65

学習した 日

月　　　日

答えは 別さつ 23 ページ

1 次の立体の名前を答えましょう。

①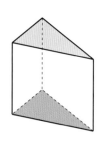

②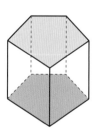

③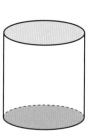

(　　　　　)　　　　(　　　　　)　　　　(　　　　　)

2 右の図のあ～えを何といいますか。

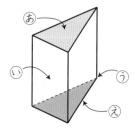

あ (　　　　　)　い (　　　　　)

う (　　　　　)　え (　　　　　)

3 右の図は六角柱です。

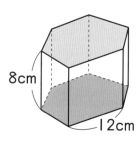

① 底面の形と数を答えましょう。

形 (　　　　　)　数 (　　　　　)

② 側面の形と数を答えましょう。

形 (　　　　　)　数 (　　　　　)

③ 頂点はいくつありますか。

(　　　　　)

④ 辺は何本ありますか。

どの部分が高さになるかな？

(　　　　　)

⑤ 高さは何cmですか。

(　　　　　)

4 右の図は円柱です。

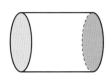

① 底面の形と数を答えましょう。

形 (   ) 数 (   )

② 側面は平面ですか，曲面ですか。

(   )

5 三角柱の展開図として正しいものを，あ～うからすべて選んで記号で答えましょう。

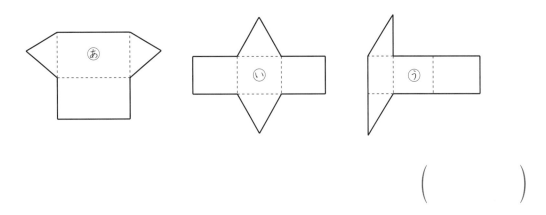

(   )

かんがえよう！ ─算数とプログラミング─

①，②にあてはまるものを下の ____ の中から選んで記号で答えましょう。

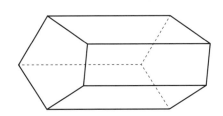

左の角柱で底面には☆のシールを，側面には◎のシールをはります。☆のシールがはられた面は ① つ，◎のシールがはられた面は ② つになります。

ⓐ 1 ⓘ 5 ⓦ 7 ⓔ 2

① (   ) ② (   )

33 角柱と円柱(2)

1 右の円柱について答えましょう。

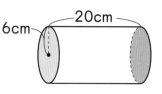

① 高さは何cmですか。

（　　　　　　　）

② この円柱の展開図で，辺ＡＢの長さは何cmですか。

（　　　　　　　）

③ この円柱の展開図で，辺ＡＤの長さは何cmですか。

式

答え（　　　　　　　）

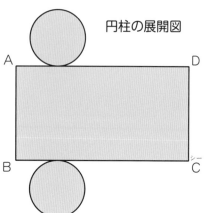

円柱の展開図

2 右の展開図を組み立てると三角柱になります。次の点や辺をすべて答えましょう。

① 点Aと重なる点

（　　　　　　　）

② 点Bと重なる点

（　　　　　　　）

③ 辺ＥＦと重なる辺

（　　　　　　　）

④ 辺ＨＧと重なる辺

（　　　　　　　）

⑤ 辺ＪＫと重なる辺

（　　　　　　　）

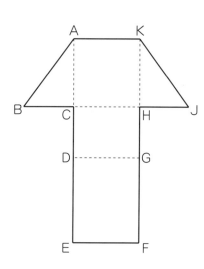

三角柱を頭の中で組み立ててみよう。

68

3 右の三角柱について答えましょう。

① 辺ＡＢに平行な辺をすべて答えましょう。

（　　　　　　）

② 辺ＡＣに垂直な辺をすべて答えましょう。

（　　　　　　）

③ 面ＤＥＦに平行な面をすべて答えましょう。

（　　　　　　）

④ 面ＡＣＦＤに垂直な面をすべて答えましょう。

（　　　　　　）

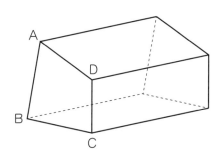

かんがえよう！ ー算数とプログラミングー

①，②にあてはまるものを下の ⬚ の中から選んで記号で答えましょう。

上の図で面ABCDに平行な面には青を，垂直な面には赤をぬります。

青にぬられた面は ① つ，赤にぬられた面は ② つになります。

⎡　⑦ 2　　④ 4　　⑦ Ｉ　　① 6　⎤

①（　　　　　）　②（　　　　　）

下の図で，赤い旗を→の向きに動かします。

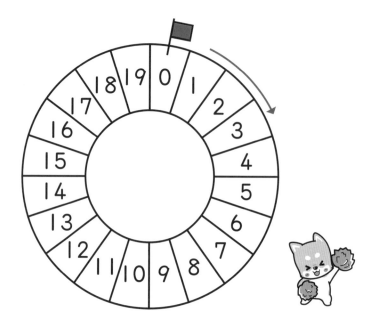

(例)赤い旗を，0のますにおいて，次のように動かします。赤い旗は，どの数のますに動きますか。

① 14 ます進むことを 7 回くり返す

↓

② 15 ます進むことを 6 回くり返す

①14×7=98　だから，赤い旗は，98 ます進みます。
　20 ますで 1 周なので，98÷20=4 あまり 18
　赤い旗は，18 のますに動きます。

②15×6=90　だから，赤い旗は，90 ます進みます。
　18 のますから 90 ます進むので，18+90=108
　108÷20=5 あまり 8　なので，赤い旗は 8 のますに動きます。

(答え)　8 のます

順番に 1 つずつ
考えていこう。

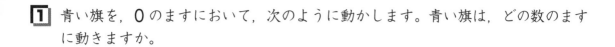

1 青い旗を，0のますにおいて，次のように動かします。青い旗は，どの数のます
に動きますか。

①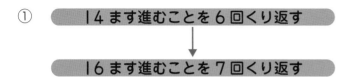

14ます進むことを6回くり返す

↓

16ます進むことを7回くり返す

$\left(\qquad\right)$ のます

②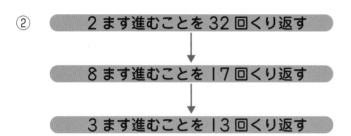

2ます進むことを32回くり返す

↓

8ます進むことを17回くり返す

↓

3ます進むことを13回くり返す

$\left(\qquad\right)$ のます

2 白い旗を，8のますにおいて，次のように動かしたところ，白い旗は，1のますに
動きました。□にあてはまる数のうち，いちばん小さい数を答えましょう。

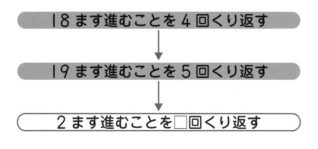

18ます進むことを4回くり返す

↓

19ます進むことを5回くり返す

↓

2ます進むことを□回くり返す

白い旗は，はじめに
8のますにあることに
気をつけよう。

$\left(\qquad\right)$

初版
第1刷　2020年5月1日　発行

●編　者
　数研出版編集部
●カバー・表紙デザイン
　株式会社クラップス

発行者　星野　泰也

ISBN978-4-410-15351-8

チャ太郎ドリル　小5　算数とプログラミング

発行所　**数研出版株式会社**

〒101-0052 東京都千代田区神田小川町2丁目3番地3
　　　　　〔振替〕00140-4-118431
〒604-0861 京都市中京区烏丸通竹屋町上る大倉町205番地
〔電話〕代表 (075)231-0161
ホームページ　https://www.chart.co.jp
印刷　河北印刷株式会社

本書の一部または全部を許可なく
複写・複製することおよび本書の
解説・解答書を無断で作成するこ
とを禁じます。

乱丁本・落丁本はお取り替えいたします　200301

解答と解説

よくがんばりました！

算数とプログラミング 5 年

1 整数と小数

解答

1 （左から）5, 7, 6

2 ① （左から）3, 9, 2
② （左から）8, 0, 4

3 ① ＞　　② ＜

4 ① 9個　　② 500個

5 ① 64個
② 7030個

6 ① 10倍　107
100倍　1070
1000倍　10700
② 10倍　8.9
100倍　89
1000倍　890

7 ① $\dfrac{1}{10}$　0.32

$\dfrac{1}{100}$　0.032

$\dfrac{1}{1000}$　0.0032

② $\dfrac{1}{10}$　0.6

$\dfrac{1}{100}$　0.06

$\dfrac{1}{1000}$　0.006

8 ① 8.421
② 1.284

かんがえよう！
① ⟨イ⟩　　② ⟨ウ⟩

解説

1 5………1が5個
0.7……0.1が7個
0.06……0.01が6個

4 ② 0.01を100個集めた数が

1なので, 5は0.01を500個集めた数となります。

6 小数を10倍, 100倍, 1000倍すると, 位はそれぞれ, 1けた, 2けた, 3けた上がります。

7 小数や整数を $\dfrac{1}{10}$, $\dfrac{1}{100}$, $\dfrac{1}{1000}$ にすると, 位はそれぞれ, 1けた, 2けた, 3けた下がります。

かんがえよう！
0.15より小さいものは, 0.149, 0.009, 0.016の3まいです。3より大きいものは, 3.006, 3.1の2まいです。0.16はどちらにも入りません。

2 直方体・立方体の体積

解答

1 ① 式　5×7×4＝140
答え　140cm³
② 式　6×6×6＝216
答え　216cm³
③ 式　8×10×12
＝960
答え　960cm³
④ 式　7×7×7＝343
答え　343cm³

2 ① 式　22−2＝20
14−2＝12
11−1＝10
20×12×10
＝2400
答え　2400cm³
② 2.4L

3 式　$9 \times 16 \times 10 = 1440$

$9 \times 6 \times 6 = 324$

$1440 - 324$

$= 1116$

答え　$1116 cm^3$

4 ①　2000000

②　60　　③　400

④　0.9

5 式　$200 \times 70 \times 250$

$= 3500000$

$3500000 cm^3 = 3.5 m^3$

答え　$3.5 m^3$

かんがえよう！

①　エ　　②　イ

3　比例と変わり方

解答

1 ①　$20 \times \triangle = \square$

②　（左から）40, 60, 80,
100, 120

③　2倍，3倍，…になる。

④　いえる。

2 ①　$5 \times \triangle = \square$

②　（左から）10, 15, 20,
25, 30

③　いえる。

3 ①　$400 + 30 \times \triangle = \square$

②　（左から）460, 490,
520, 550, 580

③　いえない。

④　850円

かんがえよう！

①　ア　　②　ウ

解説

1

●ポイント●

直方体の体積
　＝たて×横×高さ
立方体の体積
　＝1辺×1辺×1辺

2 ①　板の厚さが$1cm$であること
に注意します。内のりのたて
は$2cm$，横は$2cm$，高さは
$1cm$短くなります。

3 立体を，大きい直方体から小さい
直方体をひいたものと考えます。立
体を左右2つに分ける，上下2つ
に分けると考えてもよいです。

5 長さの単位が，mとcmがまじっ
ています。cmにそろえて計算しま
す。

たて$2m → 200cm$

かんがえよう！

$5dL$より少ないものは$60cm^3$の1ま
い，$3L$より多いものは$4000cm^3$，
$70dL$の2まいです。

解説

1 ①　代金は，
あめのねだん×買う個数なの
で，$20 \times \triangle = \square$

②　①の式の$\triangle$に，2, 3, 4, 5,
6をあてはめて求めます。

④

●ポイント●

2つの量$\triangle$と$\square$があっ
て，$\triangle$が2倍，3倍，
…になると，それにとも
なって，$\square$も2倍，3倍，
…になるとき，$\square$は$\triangle$に
比例しているといえる。

かんがえよう！

代金は，
　パン1個のねだん×パンの個数
で求められます。

4　コインを動かそう！

解答

1 □＝1と，△＝2
　　□＝2と，△＝1

2 ① 3組　② 6組　③ 8組

3 36組

解説

1 7＋□＋△＝10
　　□＋△＝10－7＝3
　　□＋△が3になる組み合わせを考えます。

2 ① 6＋□＋△＝10
　　　□＋△＝10－6＝4
　　　□＋△が4になる組み合わせを考えます。

□	1	2	3
△	3	2	1

　　　上の表より，□と△の組み合わせは3組です。

② 3＋□＋△＝10
　　□＋△＝10－3＝7
　　□＋△が7になる組み合わせを考えます。

③ 1＋□＋△＝10
　　□＋△＝10－1＝9
　　□＋△が9になる組み合わせを考えます。

3 □が8のとき，△＋☆＝2なので，
　△＝1と，☆＝1の1組。
　□が7のとき，**1**より，2組。
　□が6のとき，**2**①より，3組。
　　　　　　：
　□が1のとき，**2**③より，8組。
　全部で，
　1＋2＋3＋4＋5＋6＋7＋8
　＝36（組）

5　小数のかけ算(1)

解答

1 ① 98.26　② 982.6
　　③ 9.826　④ 9.826

2 ① 3.84　② 34.2
　　③ 332.84　④ 26.79
　　⑤ 2.96　⑥ 6.84
　　⑦ 26.796　⑧ 83.739

3 式　14.2×3.5＝49.7
　　答え　49.7kg

かんがえよう！
① ㋐　② ㋒

解説

1 積の小数点は，
かけられる数の小数点の右にあるけたの数と，
かける数の小数点の右にあるけたの数をあわせた分だけ，
積の右から数えてうちます。
　① 1＋1＝2 →右から2つ目
　② 0＋1＝1 →右から1つ目
　③ 2＋1＝3 →右から3つ目
　④ 1＋2＝3 →右から3つ目

2 小数点がないものとして計算をして，積に**1**のようにして小数点をうちます。

①　　　2.4 ←1けた
　　×1.6 ←1けた
　　――――
　　1 4 4
　　2 4
　　――――
　　3.8 4　　あわせて2けた

④，⑥　かけられる数の小数点の右にあるけた数は2けた，かける数の小数点の右にあるけた数は1けたなので，あわせて

4

3けたです。積の右から3つ目に小数点をうちます。

●ポイント●
②, ④, ⑥ 積の, 小数点より右の最後の0は消しておく。

⑦, ⑧ かけられる数の小数点の右にあるけた数は1けた, かける数の小数点の右にあるけた数は2けたなので, あわせて3けたです。積の右から3つ目に小数点をうちます。

3 1mの重さ×長さ で求めます。

かんがえよう!
チャ太郎のヒントを参考に考えましょう。①には○□×☆が入ります。②には○□×△が入ります。かけられる数はどちらも○□です。

---

6 小数のかけ算⑵

解答

1 ① 40.6　② 144
　③ 470.4
2 ① 0.973　② 0.93
　③ 8.1282　④ 51
　⑤ 0.36　⑥ 0.44
　⑦ 0.048　⑧ 0.07
　⑨ 0.0136
3 式　50×6.5=325
　答え　325円
4 式　95×0.4=38
　答え　38L

かんがえよう!
①　イ　　②　エ

解説

1 かけられる数が整数です。整数は, 小数点の右にあるけた数は0けたと考えます。かけられる数の小数点の右にあるけた数は0けた, かける数の小数点の右にあるけた数は1けたなので, あわせて1けたです。積の右から1つ目に小数点をうちます。

2 ② かけられる数の小数点の右にあるけた数は1けた, かける数の小数点の右にあるけた数は2けたなので, あわせて3けたです。積の右から3つ目に小数点をうちます。このとき, 小数点の左に0を書きたすのをわすれないようにしましょう。

⑤, ⑥ ②と同様, 小数点をうつとき, 小数点の左に0を書きたすのをわすれないようにしましょう。

⑦
```
        0.3 ← 1けた
      × 0.1 6 ← 2けた
      ─────
        1 8
        3
      ─────
      0.0 4 8 あわせて3けた
```

3 1mのねだん×長さ で求めます。

4 比べられる量は, もとにする量×何倍 で求めます。

かんがえよう!
積がかけられる数より大きくなるのはかける数が1より大きい式, 積がかけられる数より小さくなるのはかける数が1より小さい式です。

7 小数のわり算(1)

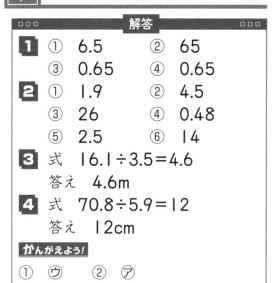

解答

1 ① 6.5 ② 65
③ 0.65 ④ 0.65

2 ① 1.9 ② 4.5
③ 26 ④ 0.48
⑤ 2.5 ⑥ 14

3 式 16.1÷3.5＝4.6
答え 4.6m

4 式 70.8÷5.9＝12
答え 12cm

かんがえよう!

① ウ ② ア

解説

1 ① わられる数もわる数も10倍します。

② わられる数もわる数も100倍すると，2470÷38
この商は，247÷38の商を10倍したものと同じになります。

③ わられる数もわる数も10倍すると，24.7÷38 この商は，247÷38の商を$\frac{1}{10}$にしたものと同じになります。

2 ●ポイント●

わる数の小数点を右にうつして整数にし，わられる数の小数点はわる数の小数点と同じだけ右にうつす。整数のときと同じように計算をし，商の小数点を，わられる数の右にうつした小数点にそろえてうつ。

---

3 全体の重さ÷1mの重さ で求めます。

4 長方形の面積は，たて×横 で求められるので，横の長さは，面積÷たての長さ で求められます。

かんがえよう!

商は，上の行の左から，48，4.8，4.8，下の行の左から，480，0.48，48となります。

---

8 小数のわり算(2)

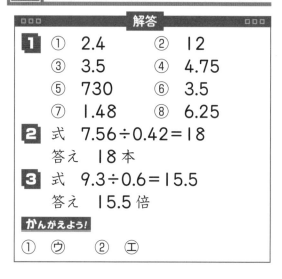

解答

1 ① 2.4 ② 12
③ 3.5 ④ 4.75
⑤ 730 ⑥ 3.5
⑦ 1.48 ⑧ 6.25

2 式 7.56÷0.42＝18
答え 18本

3 式 9.3÷0.6＝15.5
答え 15.5倍

かんがえよう!

① ウ ② エ

解説

1 ①

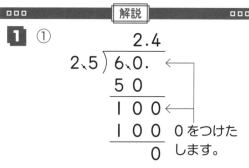

0をつけたしします。

②，⑤ 商は整数になります。商に小数点はうちません。

③〜⑧ 0をつけたして計算をしていきます。

⑤
$$
\begin{array}{r}
730 \\
0,09\,)\overline{65,70.} \\
\underline{63} \\
27 \\
\underline{27} \\
0
\end{array}
$$

← 0をつけ
たします。

2 全体の長さ÷1本の長さ で求め
ます。

3
何倍＝
比(くら)べられる量÷もとにする量

比べられる量は 9.3L，もとにす
る量は 0.6L です。

かんがえよう!
商がわられる数より大きくなるのは
わる数が1より小さいときです。

---

9 小数のわり算(3)

解答

1 ① 3 あまり 1.3
　② 6 あまり 0.6
　③ 78 あまり 0.4
　④ 86 あまり 4.2
2 ① 2.8 　② 5.4
　③ 1.1 　④ 20
3 式 90÷6.7
　　 ＝13 あまり 2.9
　　 答え 13（本できて），
　　　　　 2.9（cm あまる。）
4 式 6.53÷1.7=3.84…
　　 答え 約 3.8m²

かんがえよう!
① ウ 　② エ

解説

1
あまりの小数点は，わられる
数のもとの小数点にあわせて
うつ。

① あまりは，13 ではなく，1.3
です。
② あまりは，6 ではなく，0.6
です。あまりに小数点をうつと
き，小数点の左に 0 を書きた
すことをわすれないようにしま
しょう。

2
商を上から 3 けたまで求め，
上から 3 けた目を四捨五入(ししゃごにゅう)
する。

① 商を上から 3 けたまで求め
ると，2.83 です。上から 3 け
た目を四捨五入して，2.8。
② 5.39 → 5.4
③ 1.05 → 1.1
④ 19.5 → 20

3 問題文に，「テープは何本できて」
とあるので，商は小数ではなく，整
数です。商は一の位まで求めて，あ
まりをだします。商が求める本数と
なります。

4 ぬれた面積÷ペンキの量
を計算します。商は上から 3 けた
まで求め，上から 3 けた目を四捨
五入します。

かんがえよう!
あまりは，左から，1，2.7，0.7，
0.3です。1未満には1はふくまないこ
とに注意しましょう。

10 小数をつくろう！

解答

1 0.7105

2 ① 1.7054 　② 0.0392

3 ① 0 　② 9

解説

●ポイント●
1つずつ順番にますに数を入れて
いきます。

1 左から3番目に1→ | □□ | 1 | | |

　　右から4番目に7→ | □□ | 7 | 1 | |

　　右から1番目に5→ | □□ | 7 | 1 | | 5 |

　　左から1番目に0→ | 0 | 7 | 1 | | 5 |

　　右から2番目に0→ | 0 | 7 | 1 | 0 | 5 |

　できる数は，0.7105です。

2 ① 2.4−8×0.3
　　=2.4−2.4=0
　　6.25×0.8=5
　　0.01×50+0.5
　　=0.5+0.5=1
　　5.12÷1.28=4
　　1.35×4+1.6
　　=5.4+1.6=7

　② 7×0.3−2.1
　　=2.1−2.1=0
　　6.6÷1.1×0.5
　　=6×0.5=3
　　8.4÷3−2.8
　　=2.8−2.8=0
　　1.8+4.8×1.5
　　=1.8+7.2=9
　　1.5÷0.2−5.5
　　=7.5−5.5=2

11 合同な図形

解答

1 あとき　　いとえ
　　うとお　　かとく

2 ① 9cm
　　② 8cm
　　③ 80°

3 ① 4cm
　　② 5cm
　　③ 70°

4

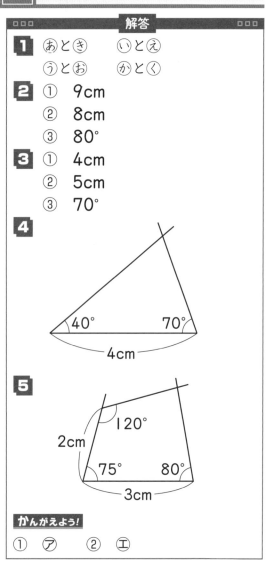

5

かんがえよう！
① ア　　② エ

解説

1 合同な図形は，回転したり，うら
がえしたりしたとき，ぴったり重な
ります。

2 ●ポイント●
合同な図形では，
　・対応する辺の長さは等し
　　い。
　・対応する角の大きさは等
　　しい。

① 辺 DE に対応する辺は，辺 AB です。

② 辺 EF に対応する辺は，辺 BC です。

③ 角 E に対応する角は，角 B です。

3 ① 辺 EF に対応する辺は，辺 AB です。

② 辺 FG に対応する辺は，辺 BC です。

③ 角 F に対応する角は，角 B です。

かんがえよう!

合同な図形では，対応する辺の長さが等しくなります。ます目を使って，辺の長さを確にんしましょう。

12 三角形・四角形の角

解答

1 ① 式　180−(55+45)
　　　　＝180−100
　　　　＝80
　　　答え　80°

② 式　180−30×2
　　　　＝180−60
　　　　＝120
　　　答え　120°

③ 式　180−(50+90)
　　　　＝180−140
　　　　＝40
　　　答え　40°

④ 式　180−(45+35)
　　　　＝100
　　　　180−100＝80
　　　答え　80°

2 ① 式　360−(135+90＋75)
　　　　＝360−300
　　　　＝60
　　　答え　60°

② 式　360−(120+85＋80)
　　　　＝360−285
　　　　＝75
　　　　180−75＝105
　　　答え　105°

3 ① 5つ

② 式　180×5＝900
　　　答え　900°

4 ① 式　60+45＝105
　　　答え　105°

② 式　90−60＝30
　　　答え　30°

かんがえよう!

① ㋐　　② ㋥

解説

1　●ポイント●

三角形の3つの角の大きさの和は180°

② 二等辺三角形では2つの角の大きさが等しいので，もう1つの角の大きさは30°です。

③ 直角は90°です。

2　●ポイント●

四角形の4つの角の大きさの和は360°

かんがえよう!

○角形は，○−2個の三角形に分けることができます。1つの三角形の3つの角の大きさの和は，180°です。

13 整数の性質

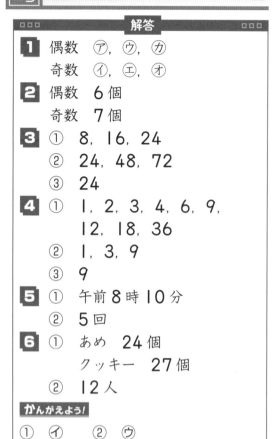

解答

1 偶数 ⑦, ⑰, ⑰

偶数 ⑦, ⑰, ⑰
奇数 ⑦, ⑤, ⑦

2 偶数 6個
奇数 7個

3 ① 8, 16, 24
② 24, 48, 72
③ 24

4 ① 1, 2, 3, 4, 6, 9,
12, 18, 36
② 1, 3, 9
③ 9

5 ① 午前8時10分
② 5回

6 ① あめ 24個
クッキー 27個
② 12人

かんがえよう!

① ⑦   ② ⑰

解説

1 🔵 ●ポイント●
・偶数…2でわり切れる。
・奇数…2でわり切れない。

5 5と14の最小公倍数は70。
① 午前7時の70分後。
② 午前7時のあとは、午前8
時10分、9時20分、10時
30分、11時40分の4回。

6 ② 96と108の最大公約数を
考えます。

かんがえよう!

24の約数は、24, 2, 12, 6, 4
の5まい、60の約数は、60, 2, 12,
6, 4, 5の6まいです。

---

14 形を分けよう!

解答

1 ① ⑤
② ⑦, ⑰
③ ⑰, ⑦

2 ① ⑨
② ⑦, ⑦
③ ⑦, ⑦

解説

1 ⑦の直角三角形で、直角をはさむ
2本の辺の長さは、3cmと4cmです。
① ⑤は、直角をはさむ2本の辺
の長さが2cmと5cmです。
② ⑦と⑰は、直角をはさむ2本
の辺の長さが3cmと4cmです。
③ ⑰は、直角をはさむ2本の辺
の長さが3cmと5cmです。⑦
は、直角をはさむ2本の辺の長
さが2cmと4cmです。

2 ① ⑨は、右に90°回転させると、
⑤とぴったり重なります。
② ⑦と⑦は、うら返して回転さ
せると、⑤とぴったり重なりま
す。
③ ⑦と⑦は、うら返したり、回
転させたりしても、⑤とぴった
り重なりません。

解答

1 ① 36.5　　② 179
　　③ 57　　　④ 92
　　⑤ 79.79　　⑥ 144

2 ① 4.2　　② 10.1
　　③ 6.3　　④ 7
　　⑤ 3.6　　⑥ 0.8

3 ① 式　$\square + 6.3 = 14.2$
　　　　　$\square = 14.2 - 6.3$
　　　　　$\square = 7.9$
　　　答え　7.9

　　② 式　$\square - 0.7 = 9.6$
　　　　　$\square = 9.6 + 0.7$
　　　　　$\square = 10.3$
　　　答え　10.3

　　③ 式　$\square \times 3.5 = 32.2$
　　　　　$\square = 32.2 \div 3.5$
　　　　　$\square = 9.2$
　　　答え　9.2

　　④ 式　$\square \div 4.8 = 7.5$
　　　　　$\square = 7.5 \times 4.8$
　　　　　$\square = 36$
　　　答え　36

かんがえよう!
① イ　　② エ

解説

1

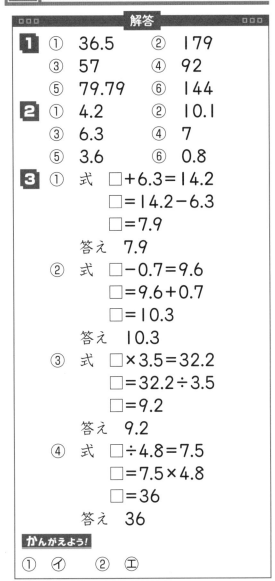

●ポイント●

$(\triangle + \square) + \bigcirc$
　$= \triangle + (\square + \bigcirc)$
$(\triangle \times \square) \times \bigcirc$
　$= \triangle \times (\square \times \bigcirc)$
$(\triangle + \square) \times \bigcirc$
　$= \triangle \times \bigcirc + \square \times \bigcirc$
$(\triangle - \square) \times \bigcirc$
　$= \triangle \times \bigcirc - \square \times \bigcirc$

① 左のポイントの1つ目を使います。
　$26.5 + 8.3 + 1.7$
　$= 26.5 + (8.3 + 1.7)$
　$= 26.5 + 10$
　$= 36.5$

② 左のポイントの2つ目を使います。
　$17.9 \times 2.5 \times 4$
　$= 17.9 \times (2.5 \times 4)$
　$= 17.9 \times 10$
　$= 179$

③ 左のポイントの3つ目を使います。
　$5.7 \times 6.4 + 5.7 \times 3.6$
　$= 5.7 \times (6.4 + 3.6)$
　$= 5.7 \times 10$
　$= 57$

④ 左のポイントの4つ目を使います。
　$16.8 \times 9.2 - 6.8 \times 9.2$
　$= (16.8 - 6.8) \times 9.2$
　$= 10 \times 9.2$
　$= 92$

⑤ 10.1 を 10+0.1 と考えます。
　10.1×7.9
　$= (10 + 0.1) \times 7.9$
　$= 10 \times 7.9 + 0.1 \times 7.9$
　$= 79 + 0.79$
　$= 79.79$

⑥ 96 を 100-4 と考えて, 左のポイントの4つ目を使います。

かんがえよう!

数をあてはめて考えます。
$\square \div 1.6 = 2.5 \rightarrow \square = 2.5 \times 1.6 = 4$
$15.3 \div \bigcirc = 1.8 \rightarrow \bigcirc = 15.3 \div 1.8 = 8.5$

解答

1 ① $\dfrac{3}{4}$　② $\dfrac{5}{7}$

③ $\dfrac{6}{11}$　④ $\dfrac{18}{19}$

⑤ $\dfrac{9}{2}\left(4\dfrac{1}{2}\right)$

⑥ $\dfrac{13}{3}\left(4\dfrac{1}{3}\right)$

2 ① 0.7　② 0.6

③ 1.75　④ 4

⑤ 3.5　⑥ 1.125

3 ① $\dfrac{9}{10}$

② $\dfrac{17}{10}\left(1\dfrac{7}{10}\right)$

③ $\dfrac{403}{100}\left(4\dfrac{3}{100}\right)$

④ $\dfrac{5}{1}\left(\dfrac{10}{2}\ \text{など}\right)$

4 ① ＜　② ＞

③ ＝　④ ＜

⑤ ＝　⑥ ＞

⑦ ＞　⑧ ＜

5 式　$11÷4＝2.75$

$11÷4＝\dfrac{11}{4}\left(2\dfrac{3}{4}\right)$

答え　小数　2.75 倍

分数　$\dfrac{11}{4}\left(2\dfrac{3}{4}\right)$倍

かんがえよう！

① エ　② イ

解説

1 $△÷□＝\dfrac{△}{□}$ となります。

2 分子÷分母を計算します。

⑤, ⑥　まず, 帯分数を仮分数に
なおします。

3 ①, ②　分母を 10 にします。

③　分母を 100 にします。

④　分母を 1 にします。

4 分数を小数になおして大きさを比
べます。⑦は小数第2位まで求め
ましょう。

かんがえよう！

分数を小数になおして大きさを比べ
ます。分数を小数になおすには,
分子÷分母を計算します。

17 分数

解答

1 ① （左から）2, 8

② （左から）8, 15

2 ① $\dfrac{1}{2}$　② $\dfrac{2}{3}$

③ $\dfrac{3}{5}$　④ $\dfrac{5}{6}$

⑤ $\dfrac{4}{7}$　⑥ $\dfrac{3}{4}$

3 ① $\dfrac{4}{12},\ \dfrac{3}{12}$

② $\dfrac{14}{35},\ \dfrac{15}{35}$

③ $\dfrac{15}{18},\ \dfrac{7}{18}$

④ $\dfrac{9}{24},\ \dfrac{10}{24}$

⑤ $\dfrac{10}{45},\ \dfrac{21}{45}$

⑥ $\dfrac{55}{60},\ \dfrac{9}{60}$

4 ① < ② <

③ < ④ >

5 ① $\dfrac{1}{6}$ ② $\dfrac{23}{15}\left(1\dfrac{8}{15}\right)$

③ $\dfrac{2}{3}$ ④ $\dfrac{11}{5}\left(2\dfrac{1}{5}\right)$

かんがえよう!

① ウ ② イ

---

18 どんな計算になるかな？

解答

1 ① 2.52 ② 0.54

③ 8.28

2 ① 162 ② 4

③ 31.5 ④ 178.65

⑤ 5

解説

●ポイント●

・分母と分子に同じ数をかけても
大きさは変わらない。

・分母と分子を同じ数でわっても
大きさは変わらない。

1 ① 分母と分子に2，4をかけま
す。

② 分母と分子に2，3をかけま
す。

2 分母と分子の最大公約数でわりま
す。

3 大きさを変えずに，分母を同じ数
にすることを通分といいます。2つ
の分数を通分するには，分母を，も
との分数の分母の最小公倍数にしま
す。

4 通分して大きさを比べます。

5 1分は1時間を60等分した1
つ分，1秒は1分を60等分した
1つ分なので，分母を60にして考
えます。約分できるときは，約分し
ましょう。

① 10分＝$\dfrac{10}{60}$時間＝$\dfrac{1}{6}$時間

かんがえよう!

分数を約分するときは，分子と分母
をその最大公約数でわります。

解説

●ポイント●

記号に数をあてはめて計算します。
どの記号にどの数をあてはめるか
をまちがえないようにしましょう。
計算まちがいにも気をつけましょ
う。

1 ① ○＋△×□の○に1.8，△に
1.2，□に0.6をあてはめると，

1.8＋1.2×0.6＝1.8＋0.72
＝2.52

かけ算を先に計算します。

② 1.2×1.8÷4＝2.16÷4
＝0.54

前から順に計算します。

③ (4＋0.6)×1.8＝4.6×1.8
＝8.28

かっこの中を先に計算します。

2 ① 0.9×180＝162

② 6÷1.5＝4

③ 1.5＋180÷6＝1.5＋30
＝31.5

④ 180－0.9×1.5
＝180－1.35
＝178.65

⑤ (6－1.5)÷0.9
＝4.5÷0.9
＝5

分数のたし算とひき算(1)

解答

1
① $\dfrac{9}{10}$　② $\dfrac{7}{9}$

③ $\dfrac{5}{6}$　④ $\dfrac{7}{15}$

⑤ $\dfrac{1}{24}$　⑥ $\dfrac{1}{2}$

2
① $\dfrac{23}{20}\left(1\dfrac{3}{20}\right)$

② $\dfrac{41}{21}\left(1\dfrac{20}{21}\right)$

③ $\dfrac{11}{10}\left(1\dfrac{1}{10}\right)$

④ $\dfrac{17}{18}$　⑤ $\dfrac{17}{24}$

⑥ $\dfrac{1}{2}$

3
① 式 $\dfrac{3}{7}+\dfrac{4}{9}=\dfrac{55}{63}$

　答え $\dfrac{55}{63}$ m

② 式 $\dfrac{4}{9}-\dfrac{3}{7}=\dfrac{1}{63}$

　答え 青い（リボンが,）

　$\dfrac{1}{63}$（m 長い。）

かんがえよう!
① イ　② ウ

解説

1

● ポイント ●

分母のちがう分数のたし算・ひき算は, 通分をしてから計算する。答えが約分できるときは, 約分しておく。

---

2 ⑤, ⑥　帯分数を仮分数になおしてから通分しましょう。

3 ② $\dfrac{27}{63}<\dfrac{28}{63}$ なので, $\dfrac{3}{7}<\dfrac{4}{9}$ です。$\dfrac{4}{9}$ から $\dfrac{3}{7}$ をひいて求めます。

かんがえよう!

　分母がちがう分数のたし算をするので, まずは, 通分をします。チャ太郎のヒントを参考にしましょう。

 分数のたし算とひき算(2)

解答

1
① $1\dfrac{11}{18}\left(\dfrac{29}{18}\right)$

② $2\dfrac{7}{15}\left(\dfrac{37}{15}\right)$

③ $3\dfrac{1}{2}\left(\dfrac{7}{2}\right)$

④ $1\dfrac{1}{6}\left(\dfrac{7}{6}\right)$

⑤ $\dfrac{13}{24}$　⑥ $1\dfrac{4}{5}\left(\dfrac{9}{5}\right)$

2
① $2\dfrac{25}{28}\left(\dfrac{81}{28}\right)$

② $5\dfrac{2}{3}\left(\dfrac{17}{3}\right)$

③ $5\dfrac{1}{4}\left(\dfrac{21}{4}\right)$

④ $2\dfrac{1}{18}\left(\dfrac{37}{18}\right)$

⑤ $1\dfrac{7}{8}\left(\dfrac{15}{8}\right)$

⑥ $2\dfrac{1}{2}\left(\dfrac{5}{2}\right)$

3 式 $1\dfrac{1}{2}+2\dfrac{5}{6}=4\dfrac{1}{3}$

答え $4\dfrac{1}{3}$ kg

4 式 $1\dfrac{3}{8}-\dfrac{4}{9}=\dfrac{67}{72}$

答え $\dfrac{67}{72}$ L

かんがえよう！
① ア　　② ウ

---

2 ① $\dfrac{23}{15}\left(1\dfrac{8}{15}\right)$

② $\dfrac{1}{6}$　　③ $\dfrac{41}{70}$

3 式 $\dfrac{7}{9}+0.75=\dfrac{55}{36}$

答え $\dfrac{55}{36}\left(1\dfrac{19}{36}\right)$ m

4 式 $1.1-\dfrac{5}{7}=\dfrac{27}{70}$

答え $\dfrac{27}{70}$ L

かんがえよう！
① イ　　② ア

解説

1 ②，③ くり上がりに気をつけましょう。

⑤，⑥ くり下がりに気をつけましょう。

③，④，⑥ 答えを約分しておきましょう。

2 整数どうし，分数どうし計算します。くり上がりやくり下がりに注意しましょう。また，答えが約分できるときは，約分して答えましょう。

かんがえよう！

いちばん右のカードの答えは，$2\dfrac{1}{18}$

なので，2より大きく，3より小さくなります。

---

21 分数のたし算とひき算(3)

解答

1 ① $\dfrac{67}{60}\left(1\dfrac{7}{60}\right)$

② $\dfrac{8}{45}$　　③ $\dfrac{7}{8}$

④ $\dfrac{3}{5}$

解説

1 3つの分数のたし算・ひき算も，通分してから計算します。

④ $1+\dfrac{1}{3}-\dfrac{11}{15}$

$=\dfrac{15}{15}+\dfrac{5}{15}-\dfrac{11}{15}$

$=\dfrac{9}{15}=\dfrac{3}{5}$

2 ●ポイント●
小数と分数がまじっているたし算・ひき算は，小数を分数になおして計算する。

①，③ 小数を分母が10の分数にします。

② $1.25=\dfrac{125}{100}=\dfrac{5}{4}$ として計算します。

かんがえよう！

$\dfrac{3}{4}+\dfrac{1}{5}-\dfrac{1}{2}=\dfrac{15}{20}+\dfrac{4}{20}-\dfrac{10}{20}=\dfrac{9}{20}$

となります。

22 四角形・三角形の面積⑴

```
□□□                解答                □□□
```

1 ① 式　8×4＝32

　　　答え　32cm²

② 式　7×12＝84

　　　答え　84cm²

③ 式　9×21＝189

　　　答え　189cm²

④ 式　12×7÷2＝42

　　　答え　42cm²

⑤ 式　8×30÷2＝120

　　　答え　120cm²

⑥ 式　20×24÷2

　　　　＝240

　　　答え　240cm²

2 ① 式　(9+12)×10÷2

　　　　＝105

　　　答え　105cm²

② 式　(15+25)×20÷2

　　　　＝400

　　　答え　400cm²

③ 式　7×16÷2＝56

　　　答え　56cm²

かんがえよう!

① ⑦　　② ⑦

```
□□□                解説                □□□
```

1 ●──ポイント──●

平行四辺形の面積

　　＝底辺×高さ

三角形の面積

　　＝底辺×高さ÷2

② 底辺は 7cm，高さは 12cm
です。

③ 底辺は 9cm，高さは 21cm
です。

⑤ 底辺は 8cm，高さは 30cm
です。

⑥ 底辺は 20cm，高さは
24cm です。

2

台形の面積

　　＝(上底＋下底)×高さ÷2

ひし形の面積

　　＝一方の対角線

　　　　×もう一方の対角線÷2

かんがえよう!

　三角形，平行四辺形の面積を求める
公式を利用して面積を求めます。面積
は，左から，10cm²，18cm²，
21cm²，18cm²となります。

23 四角形・三角形の面積⑵

```
□□□                解答                □□□
```

1 ① 式　20−7＝13

　　　　13×6÷2

　　　　＋13×22÷2

　　　　＝182

　　　答え　182cm²

② 式　15+5＝20

　　　　20×4÷2

　　　　＋20×8÷2

　　　　＝120

　　　答え　120cm²

2 式　72÷8＝9

　　　3×9＝27

答え　27cm²

3 式　126×2÷14＝18

　　　22×18÷2＝198

答え　198cm²

4 ① 8×△÷2=□

② (左から) 8, 12, 16, 20, 24

③ 2倍, 3倍, …になる。

④ いえる。

かんがえよう！

① ⑦　② ⑤

---

24 ロボットを動かそう！

□□□　**解答**　□□□

1 C

2 A, 上

3 (上から順に)

1ます進む, 右にまわる, 左にまわる

□□□　**解説**　□□□

解説

① 左の三角形と右の三角形にわけて考えます。どちらの三角形も底辺の長さは,

20−7=13 (cm) です。

左の三角形＋右の三角形
=13×6÷2+13×22÷2
=39+143=182 (cm²)

② 上の三角形と下の三角形にわけて考えます。どちらの三角形も底辺の長さは,

15+5=20 (cm) です。

上の三角形＋下の三角形
=20×4÷2+20×8÷2
=40+80=120 (cm²)

2 左の平行四辺形の高さを求めてから, ⑤の面積を求めます。左右の平行四辺形の高さは等しいことに注目しましょう。

3 左の三角形の高さを求めてから, ⑤の面積を求めます。左右の三角形の高さは等しいことに注目しましょう。

4 ① 底辺×高さ÷2＝三角形の面積です。この式の底辺に8, 高さに△, 面積に□をあてはめます。

かんがえよう！

底辺の長さを○cmとすると,

○×12÷2=48 となります。

○=48×2÷12=8(cm)です。

右にまわるは, 右に90度回転すること, 左にまわるは, 左に90度回転することです。

1

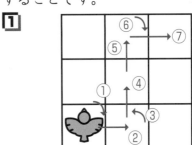

となるので, 答えはCです。

2

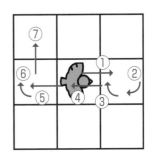

となるので, ますは, Aで, 向きは, 上です。

3 鳥ロボットの動きから, どのような命令をしたのかを考えます。命令は3つしかないので, そのどれかになります。

◆ポイント◆

まわるときは, 右なのか, 左なのかに注意しましょう。

17

解答

1 式　(26+27+29+24
　　　+29)÷5=135÷5
　　　=27
　　答え　27cm

2 式　18×30=540
　　答え　540g

3 式　(2+1+0+3+1+2)
　　　÷6=9÷6=1.5
　　答え　1.5人

4 式　A　15÷50=0.3
　　　　　1m² あたり 0.3 人。
　　　　B　12÷30=0.4
　　　　　1m² あたり 0.4 人。
　　答え　B(のほうがこんでいる。)

5 式　北市
　　　260000÷870
　　　=298.8…
　　　南市
　　　230000÷750
　　　=306.6…
　　答え　南市

6 式　30個で1650円の
　　　チョコレート
　　　1650÷30=55
　　　45個で2700円の
　　　チョコレート
　　　2700÷45=60
　　答え　45(個で)2700(円
　　　のチョコレート)

かんがえよう！
① エ　　② ウ

解説

1 平均(へいきん)を求めるには，合計を個数(こすう)で
　わります。

◆ ポイント ◆
平均＝合計÷個数

2 全体の重さを求めるには，
　　平均の重さ×個数
　の式を使います。

3 0人も個数に数えます。

4 1m² あたりの人数を求めるには，
　　人数÷面積
　の式を使います。1m² あたりの人
　数が多いほうがこんでいます。

5 人口密度(じんこうみつど)を求めるには，
　　人口÷面積
　の式を使います。

6 1個あたりのねだんを求めるには，
　　ねだん÷個数
　の式を使います。

かんがえよう！
　平均を求めるときは，数が0のもの
　も個数に数えます。

解答

1 式　A　960÷30=32
　　　　B　850÷25=34
　　答え　B(の自動車)

2 式　A　1020÷18
　　　　　=56.6…
　　　　B　1270÷22
　　　　　=57.7…
　　答え　B(の田)

3 式　570÷6=95
　　答え　時速95km

4 式　70×12=840
　　答え　840m

5 式　かかった時間を□分とする
　　と,
$$120×□=1680$$
$$□=1680÷120$$
$$□=14$$
　答え　14 分

6 式　$175×16=2800$
$$2800m=2.8km$$
　答え　2.8km

7 式　時速 6km は,
　　分速 100m。
　　かかった時間を□分とする
　　と,
$$100×□=3250$$
$$□=3250÷100$$
$$□=32.5$$
$$32.5 分＝32 分 30 秒$$
　答え　32 分 30 秒

かんがえよう！

①　ア　　　②　イ

解説

3～7

🔵●ポイント●🔵
・速さ＝道のり÷時間
・時速…1 時間あたり
　　　に進む道のり
　　　で表した速さ
・分速…1 分間あたり
　　　に進む道のり
　　　で表した速さ
・道のり＝速さ×時間

6 「何 km ですか。」ときかれている
ので, 単位を km になおします。

かんがえよう！

　かかった時間は, 左から, 1.5時間,
2.5時間, 80分です。かかった時間が
1時間以内のものはありません。

---

27 割合, 百分率, 割合のグラフ⑴

解答

1 式　$12÷10=1.2$
　答え　1.2

2 式　$700×1.4=980$
　答え　980 円

3 式　$60÷0.3=200$
　答え　200L

4 ①　7%　　　②　83%
　　③　90%　　　④　105%

5 ①　0.02　　②　0.4
　　③　1.67　　④　3

6 式　$390÷150=2.6$
$$2.6 → 260\%$$
　答え　260%

7 式　$48\% → 0.48$
$$250×0.48=120$$
　答え　120m²

8 式　$35\% → 0.35$
$$14÷0.35=40$$
　答え　40 人

かんがえよう！

①　イ　　　②　エ

解説

1

🔵●ポイント●🔵
割合
＝比べられる量÷もとにする量

4, **5** 1%（パーセント）は, 0.01
であることから考えます。
10% は, 0.1 です。
100% は, 1 です。

かんがえよう！

　1%を小数になおすと0.01であるこ
とから考えます。40%を小数になおす
と0.4になります。

19

28 割合，百分率，割合のグラフ⑵

解答

1 式　500×0.3＝150
　　　500−150＝350
　答え　350 円

2 式　3400×0.15＝510
　　　3400−510
　　　＝2890
　答え　2890 円

3 式　400×0.26＝104
　　　400＋104＝504
　答え　504 円

4 ① 27%
　　② 16%
　　③ 3 倍

5

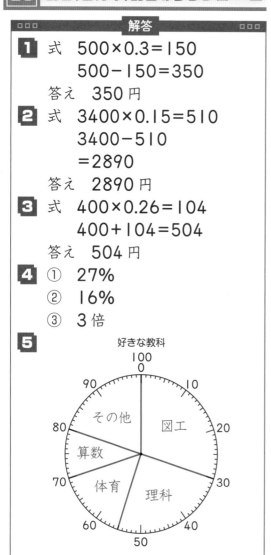

好きな教科

かんがえよう！

① 工　　② ア

解説

1 500 円の 30% を求めて，それを 500 円からひきます。

3 400 円の 26% を求めて，400 円にそれをたします。

かんがえよう！

　△% を小数になおすと，△×0.01 となります。

29 二進法を考えよう！

解答

1 ① 1000　② 1101
　　③ 10001

2 ① 5　　② 12
　　③ 19

解説

1 ①
　2）8
　2）4　あまり 0
　2）2　あまり 0
　　　1　あまり 0
　十進法の 8 を二進法で表すと
　1000 になります。

②
　2）13
　2）6　あまり 1
　2）3　あまり 0
　　　1　あまり 1
　十進法の 13 を二進法で表すと
　1101 になります。

③
　2）17
　2）8　あまり 1
　2）4　あまり 0
　2）2　あまり 0
　　　1　あまり 0
　十進法の 17 を二進法で表すと
　10001 になります。

2　〔二進法〕　　〔十進法〕
　　10000 ⟶ 16
　　　1000 ⟶ 8
　　　　100 ⟶ 4
　　　　　10 ⟶ 2
　　　　　　1 ⟶ 1
であることから考えます。
① 4＋0＋1＝5
② 8＋4＋0＋0＝12
③ 16＋0＋0＋2＋1＝19

30 正多角形と円(1)

解答

1 あ, え

2 ① 式 360÷8=45
　　　答え 45°
② 式 (180−45)÷2
　　　　=67.5
　　　答え 67.5°
③ 二等辺三角形

3 式 360÷5=72
　　(180−72)÷2=54
　答え 54°

4 ① 式 5×3.14=15.7
　　　答え 15.7cm
② 式 4×2=8
　　　8×3.14
　　　=25.12
　　　答え 25.12cm
③ 式 12×3.14
　　　=37.68
　　　答え 37.68cm
④ 式 15×2=30
　　　30×3.14
　　　=94.2
　　　答え 94.2cm

かんがえよう!
① イ　　② ウ

解説

1 多角形で, 辺の長さがすべて等しく, 角の大きさもすべて等しいものを, 正多角形といいます。
　あは正三角形, えは正方形なので, 正多角形です。
　いは二等辺三角形, うはひし形, おは長方形で, いずれも正多角形ではありません。

2 ① 点Oのまわりの8つの角の大きさは等しいことから考えます。
② ③ OA, OB は半径なので長さは等しいです。このことから, 三角形OAB は二等辺三角形であることがわかります。二等辺三角形の2つの角は等しいです。

3
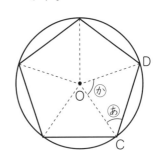

上の図で, 点Oのまわりの5つの角の大きさは等しいので, かの角度は, 360÷5 を計算して, 72°であることがわかります。三角形OCD は二等辺三角形なので, あの角度は, (180−72)÷2 で求められます。

4
　◆ポイント◆
・円周=直径×円周率
・円周率は, 円周÷直径で, この数は, どんな円でも約 3.14 で同じです。

②, ④ まず, 直径を求めます。
　直径=半径×2 です。
　円周率は3.14 として計算します。

かんがえよう!
　正多角形は, 辺の長さがすべて等しいだけでなく, 角の大きさもすべて等しいことから考えます。

1 ① 式　10×3.14÷2
　　　　=15.7
　　　　10+15.7
　　　　=25.7
　　　　答え　25.7cm
　② 式　3×2=6
　　　　6×3.14÷4
　　　　=4.71
　　　　3×2+4.71
　　　　=10.71
　　　　答え　10.71cm
　③ 式　18×2=36
　　　　360÷45=8
　　　　36×3.14÷8
　　　　=14.13
　　　　18×2+14.13
　　　　=50.13
　　　　答え　50.13cm

2 ① 式　5×4×3.14÷2
　　　　=31.4
　　　　5×2×3.14
　　　　=31.4
　　　　31.4+31.4
　　　　=62.8
　　　　答え　62.8cm
　② 式　12×2×3.14÷2
　　　　=37.68
　　　　8×2×3.14÷2
　　　　=25.12
　　　　4×2×3.14÷2
　　　　=12.56
　　　　37.68+25.12
　　　　+12.56=75.36
　　　　答え　75.36cm

3 ① △×3.14=□

② （左から）6.28，9.42，
12.56，15.7，
18.84
③ 2倍，3倍，…になる。
④ いえる。
⑤ 40.82cm

かんがえよう！
① ④　　② ⑦

1 ① まわりの長さは，直径と，円
周（しゅう）の半分の長さに分けることが
できます。円周の半分の長さは，
円周の長さ÷2　で求められま
す。
② まわりの長さは，半径2つ
分と円周を4等分した長さに
分けることができます。円周を
4等分した長さは，円周の長さ
÷4　で求められます。
③ まわりの長さは，半径2つ
分と円周を8等分した長さに
分けることができます。円周を
8等分した長さは，円周の長さ
÷8　で求められます。

2 ① まわりの長さは，直径が
20cmの円の円周の半分の長
さと，直径が10cmの円の円
周の長さをたしたものになりま
す。
② 円の半分の形が3つと考え
ます。

かんがえよう！
　円周の長さは，上の行の左から，
251.2cm，62.8cm，下の行の左か
ら，157cm，125.6cmです。

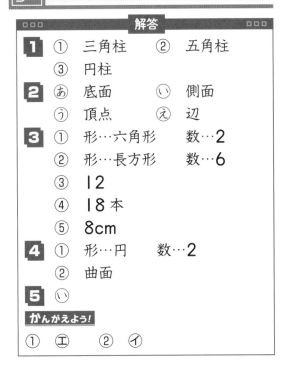

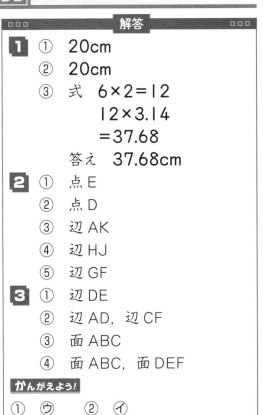

解説（32）

1 ① 底面は三角形です。

② 底面は五角形です。

③ 底面は円です。

2, 3

●ポイント●

角柱の底面…上下に向かいあった2つの面。
角柱の側面…まわりの長方形。側面の数は底面の辺の数と同じ。

5 ⓐは側面の数が1つたりません。ⓒは底面の向きがまちがっています。

かんがえよう！

角柱の底面の数は，どんな角柱でも2つです。角柱の側面の数は，底面の辺の数と同じです。問題の図は，五角柱なので，側面の数は，5つとなります。

解説（33）

1 ② 辺ABの長さは円柱の高さに等しいです。

③ 辺ADの長さは，底面の円の円周の長さに等しいです。

3

●ポイント●

・角柱の2つの底面は平行。
・角柱の底面と側面は垂直に交わっている。

④ 面ACFDは側面です。側面に垂直な面は，底面です。

かんがえよう！

面ABCDは四角柱の底面なので，平行な面は向かい合う底面の1つだけです。また，底面と側面は垂直なので，赤にぬる面は4つです。

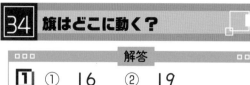

34 旗はどこに動く？

1 ① 16 ② 19
2 3

解説

○**ポイント**○
20ます進むと1周することに注意
しましょう。

1 ① 14ます進むことを6回, 16
ます進むことを7回で,
14×6+16×7
=84+112
=196
196÷20=9あまり16
　　青い旗は16のますに動きます。
② 2ます進むことを32回, 8ま
す進むことを17回, 3ます進む
ことを13回で,
2×32+8×17+3×13
=64+136+39
=239
239÷20=11あまり19
　　青い旗は19のますに動きます。

2 はじめに8のますにあり, 18ます
進むことを4回, 19ます進むことを
5回で,
8+18×4+19×5=175
175÷20=8あまり15
白い旗は15のますに動きます。
次に, 2ます進むことを□回で1のま
すに動くので,
(1+20)−15=6
2×□=6
□=6÷2=3

24